南水北调工程
征地拆迁案例选编

本书编写组 编

中国水利水电出版社
www.waterpub.com.cn
·北京·

内 容 提 要

　　本书通过对南水北调东、中线一期工程干线征地拆迁实施过程中的案例进行分析，系统回顾、总结、思考征地拆迁实施管理各个方面的经验及做法，可为读者了解掌握南水北调东、中线一期工程干线征地拆迁工作提供全面、翔实的资料参考，为今后相关工作的实施提供有益借鉴。

图书在版编目（ＣＩＰ）数据

南水北调工程征地拆迁案例选编 ／ 《南水北调工程
征地拆迁案例选编》编写组编. —— 北京 ： 中国水利水电
出版社， 2018.11
　ISBN 978-7-5170-6224-0

Ⅰ．①南… Ⅱ．①南… Ⅲ．①土地征用－土地管理法
－案例－中国②房屋拆迁－法规－案例－中国 Ⅳ.
①D922.365②D922.385

中国版本图书馆CIP数据核字(2017)第326953号

书　　　名	**南水北调工程征地拆迁案例选编** NANSHUIBEIDIAO GONGCHENG ZHENGDI CHAIQIAN ANLI XUANBIAN
作　　　者	本书编写组　编
出版发行	中国水利水电出版社
	（北京市海淀区玉渊潭南路 1 号 D 座　100038）
	网址：www.waterpub.com.cn
	E - mail：sales@waterpub.com.cn
	电话：(010) 68367658（营销中心）
经　　　售	北京科水图书销售中心（零售）
	电话：(010) 88383994、63202643、68545874
	全国各地新华书店和相关出版物销售网点
排　　　版	中国水利水电出版社微机排版中心
印　　　刷	北京世嘉印刷有限公司
规　　　格	184mm×260mm　16 开本　16 印张　287 千字
版　　　次	2018 年 11 月第 1 版　2018 年 11 月第 1 次印刷
印　　　数	0001—2000 册
定　　　价	**80.00 元**

《南水北调工程征地拆迁案例选编》
编　写　组

编 审 单 位 及 人 员

国务院南水北调工程建设委员会办公室征地移民司

袁松龄　王宝恩　张景芳　曹纪文　谭　文　盛　晴

北京市南水北调工程建设委员会办公室

何凤慈　蒋春芹　李国臣　刘晓音　王贤慧

天津市南水北调工程建设委员会办公室

张文波　高洪芬　孙　轶　陈绍强

河北省南水北调工程建设委员会办公室

陈曦亮　贾志忠　张素洁　何增炼　包　辉

江苏省南水北调工程建设领导小组办公室

徐忠阳　刘再国　王其强

山东省南水北调工程建设管理局

刘鲁生　王显勇　黄国军　周广科　王其同

河南省人民政府移民工作领导小组办公室

吕国范　李定斌　张西辰　李　冀　邱型群

湖北省南水北调工程领导小组办公室

李　静　郭　平　杨爱华

安徽省南水北调东线一期洪泽湖抬高蓄水位影响
处理工程建设管理办公室

蔡建平　王友贞　汤义声　金齐银　卢　斌

中水北方勘测设计研究有限责任公司

杜雷功　刘　卫　罗　勇　孙贝贝　魏路锋　肖俊和　苏亮志

撰 写 人

（按姓氏笔画排序）

丁文成	门　戈	马明福	王广发	王华伟	王羊宝
王建伟	王祖勋	王振山	王浩亮	王海伦	尤　华
卢　斌	申云香	史　钟	包荣萍	宁建伟	吕德水
朱　凯	朱继云	朱新珍	刘　朋	刘　新	刘　霆
刘　磊	刘淑珍	刘鲁生	孙　轶	孙　磊	孙爱民
牟月芳	杜育敏	李　莉	李　斌	李　瑞	李　冀
李小双	李为中	李亚慧	李建英	李海强	李新梅
杨　斌	杨玉浩	杨兆兵	杨继超	肖　艳	吴志刚
沈　磊	宋艳云	张　梅	张　琳	张西辰	张连君
张海龙	张福彬	陈云霞	陈绍强	范　杰	罗建华
季新民	周　凯	周明军	郑　浩	郑传宝	孟凡勇
胡安强	洪全成	耿子鑫	聂益安	贾志忠	徐建功
徐一斌	袁　秋	高广忠	高明奎	郭运芳	郭铁功
郭彬剑	黄　茜	黄红亮	黄国军	盛宏宇	常志兵
商晓乾	董泽辉	蒋满珍	蓝慧臣	蔡光明	

前　言

　　南水北调工程是缓解中国北方水资源严重短缺局面的重大战略性工程，是迄今为止世界上最大的调水工程。对于这一当今世界上最宏伟的跨流域调水工程而言，征地拆迁工作是工程建设的前提条件和重要保障，贯穿于工程建设的全过程，从某种意义上可以说，南水北调东、中线一期工程干线能否建成决定于征地拆迁工作能否顺利实施。为做好南水北调东、中线一期工程干线征地拆迁工作，国务院南水北调工程建设委员会办公室（简称国务院南水北调办）征地移民司及相关省（直辖市）南水北调征地拆迁机构积极研究探索，在实物调查、征地补偿、拆迁安置、专业项目处理、临时用地处理、施工影响处理、监理和监测评估、信访维稳等方面形成了较为宝贵的案例材料，真实地记录了南水北调东、中线一期工程干线征地拆迁工作的全过程，系统回顾、总结、思考征地拆迁实施管理各个方面的经验及做法，可为读者了解掌握南水北调东、中线一期工程干线征地拆迁工作提供全面、翔实的资料参考，为今后相关工作的实施提供有益借鉴。

　　本文分为九篇，共56篇征地拆迁案例，其中北京市2篇、天津市4篇、河北省5篇、江苏省10篇、山东省16篇、河南省14篇、湖北省2篇、安徽省2篇，项目法人1篇。

　　本书案例由国务院南水北调办征地移民司组织征集编写，北京、天津、河北、江苏、山东、河南、湖北、安徽等省（直辖市）南水北调办（建管局）、南水北调项目法人对各自案例进行了编辑审核；山东省南水北调建设管理局、山东省科源工程建设监理中心和中水北方勘测设计研究有限责任公司承担了校核、修改等工作，并得到了有关专家学者的帮助。

　　本书汇编了南水北调东、中线一期工程干线征地拆迁案例，但由于作者水平有限，加之时间紧迫，书中难免存在疏漏和不足之处，敬请读者批评指正。

编者

2018 年 8 月

目录

CONTENTS

第四篇　专　业　项　目　处　理

第五篇　临　时　用　地　处　理

第六篇　施　工　影　响　处　理

第七篇 监理和监测评估

第八篇 信 访 维 稳

第九篇 经 验 总 结

第一篇
实物调查

建设征地实物调查工作模式（山东省）

山东省水利勘测设计院

李莉　周明军　陈云霞　李瑞　王建伟

一、背景与问题

南水北调工程东线一期山东段干线工程 15 个单元工程包括 7 条河道工程、2 个泵站工程、3 个水库工程、2 个灌溉影响处理工程、1 个湖内疏浚工程；工程线路长，涉及行政区划多，共 8 市 26 县（市、区），各地区社会经济状况差异大，征地移民具有政策统一性和地区特殊性的难点；工程总占地 110050 亩❶，其中永久占地 68524 亩，临时用地 41526 亩；搬迁居民房屋 1941 户 6089 人；涉及输变电、通信、管道、水利等十余种 1687 处专业项目，隶属部门多，既有省属单位，又有市属单位、军队，还有企业单位，产权关系复杂，需要大量的协调工作；地下埋设管线多，隐蔽性强，很多已经年代久远，没有完整的设计建设资料，调查工作难度大；征地移民投资比例大，约占工程总投资的 40%。

查明建设征地及影响范围内的人口和各种国民经济指标是做好整个南水北调工程移民安置规划设计的基础，才能为移民生产、生活安置、专业项目处理和土地复垦提供准确可靠的基础资料，为制定移民安置实施方案提供科学决策依据。为此，水利部专门制定了水利行业标准《水利水电工程建设征地移民实物调查规范》（SL 442—2009），规范了水利水电工程建设征地移民实物调查工作，统一调查方法和调查内容，为指导水利工程建设征地移民实物调查工作提供了依据。然而，对实物调查工作模式的研究及相关理论欠缺。本文对南水北调工程征地移民实物调查进行总结，提出多部门多专业联动的实物调查工作模式。

二、主要做法

可行性研究、初步设计阶段，实物调查采取由业主组织协调，以设计单位

---

❶　1 亩＝0.0667hm²。

为调查主体，县人民政府、镇人民政府、村、水利部门（南水北调建管机构）、国土部门、林业部门及专业项目产权单位等多部门多专业联动的实物调查机制，如图1所示。

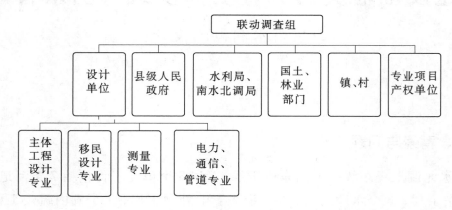

图1　多部门多专业联动的实物调查机制

1. 设计单位多专业介入

山东省水利勘测设计院多专业介入，包括主体工程设计专业、移民设计专业、测量专业和电力、通信、管道等专业。

（1）主体工程设计专业对项目建设任务、建设规模、主要建筑物布置和施工组织等进行设计交底，出具《工程占地说明》，详细介绍工程永久占地、临时用地情况；在实物调查过程中及时对设计方案进行优化，根据实地情况合理确定工程规模、建筑物布置位置，减少实物调查后设计方案的调整，提高实物调查的精度。

（2）移民设计专业是实物调查的主要负责人员，制定《实物调查大纲》《工程占地图》和《实物调查表》，控制调查深度和精度，保证调查标准和尺度一致，按照规范要求，进行现场实物调查和内业整理工作。

（3）测量专业负责测放永久占地、临时用地和调查范围，运用山东省卫星定位连续运行参考站系统（SDCORS）直接实施GPS动态RTK（Real Time Kinematic）作业方式进行外业调查，在WGS（1984年）坐标系下采集数据，采用华东地区大地水准面精化技术解算出项目所在区域的坐标系统转换关系，保证数据采集的平面高程精度均达到厘米级，确保外业调查第一手数据的真实性与准确性。

内业地类与面积量算是移民调查测量的一项重要环节，其主要内容是利用现场测量的1∶2000或者1∶5000土地调查图，依据现行的《土地利用现状调查技术规程》《全国土地分类》等规程的要求，按照农用地、建设用地、未利用土地三大类的分类原则，采用计算机全解析法进行面积量算。

面积量算的单位以 m² 计，取位至 0.01m²，当面积较大时，可用公顷（hm²）为单位，保留到小数点后四位，为方便存档及逐级汇总，以 Microsoft Excel 电子报表进行。面积量算一般遵循分级量算，逐级汇总的原则。即先量算村级内部分类面积，再以村为单位汇总各类面积，然后以乡镇为单位汇总，最后以整个项目为单位汇总整个项目的补偿总面积。自下而上，分级量算，以村、镇、县、整个项目为单位分级汇总，确保面积量算和汇总的准确性。

（4）电力、通信、管道专业负责调查各专业项目受影响情况，配合各专业项目产权单位现场商定复建方案，保证了专业项目调查成果的规范性、合理性。

2. 多部门参与

（1）业主负责整个实物调查的组织、协调和管理，牵头并与县级人民政府协商共同组织开展实物调查的联络、后勤及安全保障工作。

（2）县级人民政府依据业主的统一安排，负责组织有关职能部门参与调查工作，并协调处理有关问题，为调查工作提供工作条件。

（3）镇人民政府负责组织工程涉及村组参与实物调查。

（4）村是被调查方，指认土地权属、实物位置等，认可实物调查成果。

（5）水利部门（南水北调建管机构）代表县级人民政府处理事务调查相关事宜，负责实物调查现场全过程的组织、协调工作。

（6）国土部门、林业部门提供《土地利用现状图》《土地利用规划图》《基本农田规划图》《森林资源分布图》土地证和林权证等资料，参加土地调查，参与确定土地分类和权属。

（7）专业项目产权单位提供原设计、建管资料，现场查清专业项目现状情况、影响情况，并会同专业项目设计单位商定初步复建方案。

3. 联动机制

业主组织协调，设计单位为调查主体，县级人民政府、水利部门、国土部门、林业部门及专业项目产权单位等多部门多专业联动的机制优点是调查技术人员和实物利益相关各方均参与，减少了政府、移民、专业项目产权单位之间的信息不对称，规避逆向选择和道德风险。

三、思考与启示

目前，南水北调山东段工程征地移民工作已进入省级验收阶段，15 个单元工程征地移民规划设计与实施方案内容全部落实，规划设计成果得到了业主、各级地方政府、各相关部门和群众的认可，资金兑付顺利，群众安居，社会稳定。

多部门多专业联动的实物调查机制增强了地方政府及群众对征地移民有关政策的了解和对实物内容参与的积极性，确保了实物调查的精度和深度，各阶段实物调查成果真实、可靠，经共同认可后，为移民安置规划、投资概（估）算的编制以及后期资金兑付工作打下了坚实的基础。从效果来看，15 个单元工程初设阶段征地移民投资 695011 万元，实施阶段征地移民投资 695643 万元，相差仅 0.09％，投资基本吻合，证明实物调查联动机制可操作性强，切实维护移民群众合法权益，减少社会矛盾，促进社会和谐。15 个单元工程概、预算对比情况如图 2 所示。

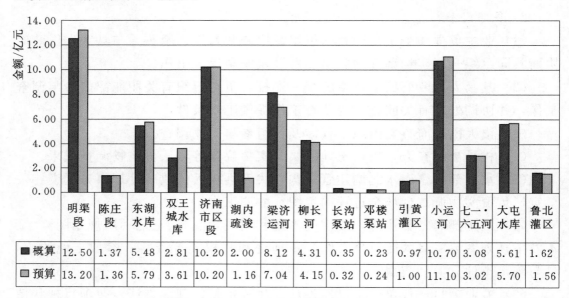

图 2　15 个单元工程概、预算对比情况

航拍图在实物调查中的应用（河南省）

河南省平顶山市叶县移民局

宁建伟

一、背景与问题

2010 年 7 月，南水北调中线工程叶县段征迁工作启动。为解决补偿标准争议等方面的问题提供原始资料支持，在征迁工作开始之前，叶县移民局吸取在燕山水库征迁过程中的经验与教训，认为有必要对南水北调中线工程沿线拍摄一套翔实的地形地貌影像资料。经叶县移民局领导班子研究同意后，从平顶山市摄影家协会请来资深摄影师，乘坐动力伞，使用高像素数码相机，对工程沿线进行航拍，行程 30.25km，拍摄照片数百张，真实地记录了工程沿线地貌地类地物原始形态。这套影像资料以电子版形式存档保存，照片质量好且分辨率高。在需要时，可以调阅、放大、打印，并与最新地貌、地物相比较。

二、主要做法

这套影像资料在处理征迁工作中多次发挥重要作用，特别是处理征地面积的计量问题。常村镇文庄村道路征地面积认定是其中的一个典型的例子。

南水北调中线工程叶县段工程完工后，工程运行管理机构需要在常村镇文庄村征地，因村民提出异议，实施困难。接到管理处的报告后，移民局人员带着文庄村工程沿线的航拍资料，在第一时间会同常村镇政府有关领导赶到现场。

村民在现场提出十余多个问题，涉及债务纠纷、补偿款分配、土地面积等多个方面。移民局和镇政府相关领导一一做了记录，并依据相关政策规定分别给予答复，最后焦点集中在道路征地面积的计量上。

对于面积计量问题，移民局测定成果为 1.6 亩，群众认为应是 3.9 亩。村民代表坚持认为他们的测量是准确的。为了说服村民，让大家都信服，移民局组织召开了村民大会公开说明。工作人员出示了文庄村工程沿线的航拍资料，指出所谓的 3.9 亩耕地，其中有部分是南水北调中线工程叶县段四标段在此施工过程中临时填占部分排水沟形成的预制梁场地基，填占部分不能作为征地面积要求补偿。

村民们看了航拍图，发现原先这里的地貌、地面作物、地沟边界一清二楚。照片显示，在南水北调中线工程开工前，临沟地边基本是一条直线；而在工程竣工后，地边明显有一段向沟里凸了出去，直线变成了不规则的曲线。很明显，是四标段施工时填占排水沟才导致地块面积增加了。看过航拍图后，村民均认同了1.6亩的面积，面积计量争议顺利得以解决。

类似的问题还有不少，有面积争议，也有地类、地面附属物等方面的争议。如果不是保存着直观、可靠的原始资料依据，解决类似问题的难度很大，群众也不一定服气，肯定会对相关工程推进造成很大困扰。

三、思考与启示

南水北调中线工程全线已经通水，回想制作航拍资料和依据资料解决相关争议和问题的经过，很值得总结和思考。一是在工程沿线征迁时，要谋划在先，提前安排，组织专业人员全程航拍留取原始资料，这应作为重大工程征迁工作必不可少的环节，切实抓紧抓好。随着工程建设的推进，沿线地貌明显改变，在出现争议时，光凭原来的一纸记录很难说服群众。预先取得这样一套翔实的地形地貌原始资料，作为土地补偿依据，可以做到以事实说话，以理服人。二是遇到地类和地面附属物出现争议的问题时，把相关地段的图片放大打印出来，让群众自行比对，自己作结论，这比其他任何形式的思想工作都有效。三是考虑到重大工程在国家建设史上占据的重要位置，航拍时要兼顾近景和远景，尽可能把工程沿线原始地貌保存下来，以便为工程沿线保存一套清晰完整的影像资料，具有一定的史料价值。

南水北调干线工程勘测定界工作模式
（山东省）

山东省水利勘测设计院

孙磊

南水北调东线山东干线有限责任公司

张运保

一、背景与问题

勘测定界，是根据土地征收、征用、划拨、出让、农用地转用、土地利用规划及土地开发、整理、复垦等工作需要，实地界定土地使用范围、测定界址位置、调绘土地利用现状，计算用地面积，为国土资源行政主管部门用地审批和地籍管理等提供科学、准确的基础资料而进行的技术服务性工作。在各级国土资源行政主管部门的组织下，由有资格的勘测单位承担。勘测定界工作涉及多学科、多部门，同时也是一项集政策性、社会性、技术性、专业性与一体的系统工程。对加强各类用地审查，严格控制非农业建设占用耕地，保证依法、科学、集约、规范用地起到了积极的作用，使用地审批工作更加科学化、制度化、规范化，同时也健全了用地的准入制度。

南水北调干线工程山东段勘测定界工作最早开始于 2003 年 5 月的济平干渠工程，2004 年 11 月取得国土资源部《关于南水北调东线一期工程东平湖至济南段工程建设用地的批复》（国土资函〔2004〕424 号）；韩庄运河段工程勘测定界工作开始于 2005 年 4 月，2009 年 4 月取得国土资源部《国土资源部关于南水北调东线一期韩庄运河段工程建设用地的批复》（国土资函〔2009〕541 号）；穿黄河工程勘测定界工作开始于 2007 年 11 月，2013 年 2 月取得国土资源部《国土资源部关于南水北调东线一期工程穿黄河工程建设用地的批复》（国土资函〔2013〕151 号）；济南至引黄济青段、两湖段、鲁北段三大段勘测定界工作开始于 2009 年 12 月，2013 年 2 月起取得国土资源部的一系列批复。

从以上数据可以看出，勘测定界工作从一开始的勘测定界测量到形成勘测定界报告，再到取得国土资源部的批复，作业时间长，面向对象多、计算数据复杂，各方关系错综复杂、时间跨度大。同时勘测定界工作是一项综合性、法律性、时效性、特殊性的工作，必须遵循符合国家土地和规划等有关法律原则，符合实事求是的原则，符合地籍信息管理的原则，符合充分应用地籍资料原则，符合有效检验原则。因此，对勘测定界工作模式提出了许多新要求。

二、主要做法

1. 实地放样调绘

实地调绘的主要工作内容是调查核实用地范围内的行政界线、权属界线、土地利用类型界线、基本农田界线及已批准的农用地转为建设用地的范围线。

在此步骤中，行政界线、土地利用类型界线、基本农田界线及已批准的农用地转为建设用地的范围线均可以从国土部门提供的土地利用现状图和土地利用规划图中明确得到，但权属界线需要土地所有人双方或多方现场指界，这是最为容易产生疑问与争执的地方，也是整个南水北调勘测定界工作中最基本的问题。例如在济南至引黄济青段工程中，有两个村对村界一直持争议态度。

2. 勘测定界界桩埋设与内业

该步骤的主要工作为埋设南水北调工程界桩，现场测绘出界址点的实测坐标，并保证与理论值的差值在规范允许的范围内，以便为施工创造良好条件；对测量的图形进行内业制图和面积量算，注记各地类面积，整饰勘测定界图，编制土地勘测定界技术报告书。

在此步骤中，最容易出现面积统计错误与界桩破坏。由于线状测量范围很容易造成村与村之间、县与县之间产生很多插花地，这些插花地形状基本不规则，面积有大有小，在量算过程中很容易发生漏算与重复计算；已经埋设好的界桩容易因各种原因被破坏，造成被破坏段界线不清晰，除了容易引发各项纠纷外，还极易造成测量工作的重复进行。例如在济南至引黄济青段工程中，历城区荷花路街道办事处的云家、苏家、蔡家等几个村的插花地，与征地红线之间的关系复杂，有的紧贴征地红线，造成时而在征地红线内，时而在征地红线外，对各村的面积量算与汇总造成极大的麻烦。

界桩在施工期间能够确保施工边线明确，但在局部地区也存在着有碍施工的问题以及影响周边村民耕种等问题。

3. 提交勘测定界成果

该步骤的主要工作内容为向业主与当地国土部门提交勘测定界报告书、勘测定界图等资料。由于南水北调线路跨度长，主体工程长度约600km，涉及10个地级市30个县（市、区），由于各县（市、区）国土部门的要求不尽相同，因此，对于所提交的成果应按照各个国土部门的意见进行具体调整，以期达到顺利报卷的目的，需要与当地国土部门进行对接，明确各种资料的具体格式。例如，穿黄河工程中东平县国土资源局与济南至引黄济青段工程章丘区国土资源局对资料的要求在图面格式、勘测定界图组成等方面要求有诸多不一致之处。

4. 测量方法

（1）针对双方土地权属人无法确定权属界线的情况，一般采取三种解决方案：请地方政府出面协调双方所有人，根据现场存在的较明确的地物，提出建议是否权属界线是以该地物为界；如果双方不承认该地物为界，则提议以国土部门提供的土地利用现状图上的权属界线为界；如果仍然无法解决，则建议将该争议区在勘测定界报告中单独列出。将争议区列出，极大地缓解了现场指界的争议矛盾，为圆满解决权属界线问题留出了余地。

（2）针对勘测定界的内业面积量算，采用"先整体、后局部"的量算方针。即首先确定每一宗地的总体红线面积，按照《土地勘测定界规程》的规定进行面积确认；然后再分头量算该宗地各个村的面积，确保各村面积之和与宗地面积相同，若出现差值，则证明出现了漏算或者重复量算，需要进行细致的检查；最后进行每个村的地类面积量算，确保每村各个地类的面积之和与该村庄的面积相等。依照此方法进行面积量算，可极大地减少面积量算的误差，从而减少面积量算工作的重复率。

界桩埋设方面，已经埋设好的界桩，需要及时将界桩交付现场管理单位，并由现场管理单位负责巡查、维护。

（3）勘测定界报告要明确目的与依据，同时要记录清楚勘测单位、施测起止时间、内业完成时间等；勘测定界报告要明确面积量算办法、施测用地总面积等。土地勘测定界报告一定要符合《土地勘测定界规程》的相关要求，同时按照土地分类严格进行。同时应该结合具体情况，将图面整饰美观。例如，在勘测定界图中，每个地块的注记是利用分子、分母、带单位的数字表示的，这些数字分别代表地块编号、地类代码和面积。规范所附样图的地块注记如：$\frac{01}{114}$4157.11m^2，这样的注记是非常科学且实用的。但是在实际成图时，特别是在像枣庄市这样的丘陵地区，地类多样，梯田密布，如果按照 1：2000 绘图，在局部地区地块注记会显得非常拥挤，若把单位 m^2 省略，图面的整体荷载就会降低很多，图面也会更加清晰、调理、美观。如果在地类变化多的地方，勘测定界图上明确标识出面积默认单位为 m^2，在图面注记时则不带单位，这样就能很好地解决图面拥挤问题，但一定要就此类情况向当地国土资源局提前作出说明，并征询其意见。

（4）针对测绘手段和方法的问题，要紧紧抓住测绘前沿技术，为勘测定界工作服务。济平干渠工程与韩庄运河工程项目主要利用"参考站＋流动站＋电台"的模式进行勘测定界工作，作业半径为 5～10km；在 2008 年年底开始的穿黄河工程中就已经开始运用 GPRS 技术传输信号进行勘测定界，工作模式转换为"参考站＋流动站＋GPRS"，作业半径为 20km，基本实现当天不用迁转参考站，明显提高工作效率；到 2011 年进行济南至引黄济青段工程时，由于 SDCORS 技术的出现，及时进行技术升级，彻底放弃架设参考站的方法，提高了设备利用率，节约了设站时间，极大地提高了勘测定界工作效率，工作模式变为"CORS RTK"，无工作半径的限制，设备利用率提高，作业方法多样化。

三、思考与启示

土地勘测定界是建设征地的基础，做好土地勘测定界为后期土地征用征收提供了依据，根据其工作内容和工作性质，土地勘测定界具有以下特点：

（1）综合性。土地勘测定界工作内容涉及国土地籍调查工作、土地利用现状调查工作和具体测绘等内容。

（2）精确性。土地勘测定界成果直接用于用地审批工作，外业需要严格按照《土地勘测定界规程》要求进行；内业采用先进的科学手段，利用成熟的商用软件，实时自检、互检，从而达到最终成果的精确性。

（3）及时性。土地勘测定界工作在一定程度上制约着整个工程进展速度，这就要求勘测定界人员准确、及时地提交勘测定界成果，提高审批效率。

第二篇
征地补偿

中站区征迁工作实践经验分析（河南省）

河南省焦作市中站区南水北调办公室

杨五浩　　王浩亮

一、背景与问题

中站区地处焦作市区西部，总面积 162km²，辖 10 个办事处，总人口 12 万人，是由河南省进入山西省东南部的门户，且是山西省煤外运的集散地，也是焦作市的起始地和焦作市工业的发源地，自古有"卧牛之地，日进斗金"的美誉。2009 年，随着南水北调中线工程焦作段征迁安置工作拉开序幕，中站区历史上首次直接参与到国家级工程建设中。

根据河南省政府批复的《南水北调中线一期工程总干渠焦作市征迁安置实施规划报告》，南水北调中线一期工程总干渠焦作市中站区段，起点位于博爱县鹿村与中站区南敬村交界处，终点位于焦作市中站区启心村与解放区王褚乡新庄村交界处，全长 3.75km；共布置各类交叉建筑物 5 座，其中河渠交叉建筑物 1 座（白马门河倒虹吸）、分水口门 1 座（焦作市府城分水闸）、公路桥 2 座（南敬村公路桥、府城东公路桥）、生产桥 1 座；工程建设用地 677.44 亩，包括永久征地 675.48 亩，临时用地 1.96 亩；需拆迁房屋面积 30552.34m²。在南水北调中线工程建设中，中站区主要使命是按时完成工程建设用地的征迁，妥善安置被征迁群众，并为工程建设创造良好的施工环境。

南水北调总干渠虽然经过中站河段不长，但是由于区位、政策等原因，中站区征迁工作面临两个特殊性难题：一是按照焦作市征迁安置政策，中站区段位于城乡结合部，在土地、房屋补偿价格上，实行国家批复的农村补偿标准（2.7 万元/亩补偿），与一路之隔的解放区（7.2 万元/亩补偿）相比，两者相差数倍，群众心理落差很大，存在抵触情绪；二是总干渠建设形成的边角地问题，中站区由于总干渠建设形成了 18 处边角地，合计面积 120 亩。这些边角地灌溉耕种不便，村民强烈要求政府征用补偿。

二、主要做法

为了顺利推进征迁安置工作，中站区专门成立了高规格的工程建设指挥部，由书记任政委，区长任指挥长，副书记任常务副指挥长，主管副区长负责具体协调工作。为集中力量推进征迁安置，中站区建立了区级领导包村、区直部门包户的机制，4 名区级领导分包 4 个村，47 个区直属单位分包到户，实行责任"六包"：包政策宣传、包入户动迁、包协议签订、包搬空拆除、包困难帮扶和包信访稳定，一包到底。

1. 宣传引导，最大程度地赢得群众支持

征迁安置之初，中站区召开了南水北调征迁安置动员会，对基层干部进行了宣讲政策，在主要路段和关键部位悬挂了征迁安置宣传标语，先后印发了15000 份《南水北调工程建设宣传册》，把政策原原本本送到群众当中，让群众对补贴额度、补偿面积、生产安置等内容清清楚楚、明明白白，保障了搬迁群众的知情权、参与权、话语权和监督权。在征迁安置攻坚阶段，中站区从全区机关抽调 170 余名工作人员组建了征迁工作队，现场负责给群众解释政策，消除群众心头疑虑，引导群众树立大局意识，理解和支持南水北调工作。中站区还利用区电视台、报纸等渠道，积极宣传征迁工作中的典型人物、典型事迹，以先进带动后进，以个例促进全局。

2. 落实政策，最大程度地维护群众利益

按照公开透明、公平公正的原则，坚持做到执行政策不走样、落实政策不打折、群众利益不受损。凡涉及群众利益的重大事项，中站区都严格按照村民自治的有关规定办事，事先召开村两委会、党员大会进行研究，经村民代表大会讨论通过，村务监督委员会全程监督执行，确保各项政策落到实处。

3. 服务协调，最大程度地解决群众后顾之忧

中站区按照保障群众现有利益、赋予群众新的利益、发展群众长远利益的要求，以人为本，和谐拆迁，确保群众搬得出、稳得住、有发展。在拆迁工作中，中站区 170 名征迁工作队员按照先易后难的办法，对每户情况吃透摸准、逐一研究，帮助群众做好寻找临时居住点、搬迁拆除等工作，解除了群众的后顾之忧。征迁结束后，各包户单位对搬迁群众每周进行一次走访，逢节假日进行一次慰问，重点了解生产生活情况，帮助解决实际问题。中站区对家庭困难的征迁户实行了长期结对帮扶制度，把低保救助、教育救济、就业培训等政策资源向征迁困难群众倾斜，切实解决征迁群众的实际困难，确保了征迁工作顺利推进。

三、思考与启示

南水北调中线工程征迁安置工作，有效检验了地方政府的担当和能力。在实践过程中，征迁安置工作也存在诸多问题：一是搬迁群众参与征迁前期工作的渠道不畅，对征迁安置方案、土地补偿标准缺乏了解。二是征迁安置缺乏可持续性。在征迁前期，政府为被征迁群众提供了一系列优惠补偿政策，短期内能够保障群众的基本生活水平，但政府的管理服务难以持之以恒，无法保证群众长久安居乐业。三是城乡差异对征迁安置工作产生影响。根据国家政策规定，农村与城区征迁补偿标准不同，中站区征迁区域又紧邻市区，不同城区间在补偿标准上有一定差距。

因此，要做好征迁安置工作，首先，必须科学制定征迁安置政策，征迁政策、安置方案既要考虑群众眼前利益，也要考虑群众长远利益，出台前要充分征求相关群众的意见，对群众集中反映的意见要充分考虑，最大程度地争取群众的理解和支持；其次，必须加强征迁安置组织领导，注重凝聚共识形成合力，注重发挥党员的模范带头作用，最大程度地调动各方积极性；再次，必须建立矛盾纠纷化解机制，综合利用协调、调解、劝和等多种手段解决问题，必要时利用法律手段解决征迁过程中不可调和的矛盾，为征迁安置营造良好的氛围。

征地补偿资金缺口的解决途径（天津市）

天津市南水北调工程征地拆迁管理中心

丁文成　商涛

天津市南水北调工程建设委员会办公室

陈绍强

一、背景与问题

南水北调中线一期工程干线天津段工程线路长度为 24.1km，工程征地拆迁涉及武清、北辰、西青 3 个行政区 5 个镇 25 个行政村和天津市农垦红光有限公司。征迁主要实物指标包括永久征地 85.84 亩，临时占地 6579.74 亩，拆迁房屋 26037.74m²，迁建工业企业 11 个改（迁）建市属专项设施 136 条（处）等。

南水北调中线工程初步设计阶段，国家规定工程征地拆迁执行统一的补偿标准。由于国家规定的补偿标准远远低于天津市当时执行的征迁补偿标准，与此同时，京沪高铁工程也在同地块同步开展征迁拆迁工作，南水北调工程征迁补偿标准与高铁项目补偿标准存在悬殊差距。征迁补偿资金存在较大缺口，如不能解决资金缺口问题，天津干线工程征地拆迁工作则无法实施，也不能保证被征地拆迁农民的生产、生活水平不降低，势必带来社会不稳定因素。

二、主要做法

2005 年 3 月，国务院南水北调办《关于南水北调工程建设中城市征地拆迁补偿有关问题的通知》，针对南水北调工程沿线各省（直辖市）人民政府解决城市征地拆迁面临资金不足出现缺口的问题，提出了解决办法。根据该文件精神，参考北京市京石段工程征迁工作经验，结合天津市高铁以及其他水利工程建设项目征地拆迁工作实际，市南水北调办组织南水北调工程征地拆迁管理中心和水利勘测设计院，根据初步设计阶段实物指标调查成果，对天津干线天津境内工程征地拆迁补偿资金进行了测算，对工程永久征地、临时占地、林地、苗圃、鱼塘、坟墓、机井、农田水利设施以及电力、通信、燃气、自来水、排水等专项设施分门别类进行调查测算；对拆迁房屋按照同等地块居民住宅房屋市场价格评估、测算；对企业、企事业单位同样进行了详细调查，在此基础上，经反复征求市发展改革委、财政局、国土房管局、环保局、农委农业局、人力社保局及武清区、北辰区、西青区人民政府等市南水北调建设委员会成员单位意见，最终形成了《天津干线天津境内工程征地拆迁补偿费用测算说明表》。经测算，天津干线天津段工程初步设计阶段工程征迁补偿资金需6.59亿元。除国家批复的补偿资金1.7977亿元，需市财政补贴资金缺口4.76亿元。

2008年10月，经天津市人民政府批复，由市财政局拨付专项资金4.76亿元，用于南水北调天津干线工程征迁工作。

天津干线工程征迁工作开展过程中，各区政府认真落实征迁工作管理体制和责任书的相关内容，区征迁机构积极开展征迁工作，严格履行补偿兑付程序，征迁实施过程中未发生大的上访、信访事件，越级上访事件为零。天津干线工程征迁工作中，保证了被征地农民生产、生活水平不降低，消除因工程征地拆迁给社会带来的潜在不稳定因素，为工程建设营造了良好的建设环境，如期实现国务院确定的通水目标。

三、思考与启示

2014年12月，南水北调中线天津干线工程正式通水，天津实现引滦入津和南水北调双水源供水格局，为天津市经济社会可持续发展、生态文明建设和群众生活水平的提高，提供更可靠的水资源保障。工程顺利建成通水，主要得益于如下方面：

（1）天津市人民政府高度重视南水北调工程建设，按照中央的部署，不惜一切代价也要建设这项功在当代、利在千秋的工程，各级政府更是把工程建设当作头等大事来抓，对征迁工作更是全力支持，市领导多次深入征迁现场指导征迁工作，为南水北调工程征迁工作顺利开展创造了条件。

（2）天津市南水北调办认真贯彻落实征迁工作管理体制，千方百计、积极组织协调有关部门，落实各自责任，认真组织调查测算天津干线征迁补偿资金，掌握第一手资料，做到心中有数，及时向政府反馈有关情况，申请补偿资金缺口，保障了征迁补偿资金的储备。

（3）天津市南水北调工程建设委员会成员单位紧密配合，凝心聚力，各专项部门配合大局，超前谋划，制定切实可行的实施方案，及时组织实施征地拆迁工作，为工程施工创造条件；各级政府审批职能部门以一天也不耽误的精神，全力推动了天津干线征迁工作的顺利开展，为南水北调工程顺利通水奠定了基础。

东湖水库建设征地补偿实践（山东省）

山东省济南市章丘区水务局

胡安强

南水北调东线山东干线有限责任公司

刘霆

一、背景与问题

东湖水库工程永久征地 8075.08 亩，所征占土地连片集中，涉及济南市章丘区和历城区，其中：章丘区 6090.68 亩，历城区 1984.4 亩。该工程初步设计工作于 2008 年完成，2009 年 11 月获得批复，征地补偿工作于 2010 年 1 月正式启动。由于章丘区群众存在抵触情绪，征迁工作一度受到影响。其原因主要有如下方面。

（1）综合区片地价政策的影响。山东省自 2009 年 7 月 1 日起执行征地区片综合地价标准，历城区补偿标准是 7.2 万元/亩，章丘区补偿标准是 3.96 万元/亩。东湖水库工程涉及的章丘区与历城区分界线是一条宽 1m 左右的田间土路，两侧耕地的土质和地力相当，种植的作物相近，产值相当，但征地补偿标准相差 3.24 万元/亩，影响了章丘区征地补偿工作。

（2）土地所有权和经营权混淆，"惜地"情结显著。《中华人民共和国土地法》规定，农村土地属于村集体所有，是村民生产生活的最基本资料。实施家庭联产承包责任制后，村民对所承包的土地拥有绝对经营权，土地产出归村民所有，但随着时间的推移，特别是《中华人民共和国物权法》出台后，村民对土地的所有权和经营权产生了混淆。东湖水库库区六村是传统的农业生产村庄，村民对土地的珍视度很高，加上近年来取消农业税、惠农补贴等政策相继出台，使农民倍加珍视自己的土地，不愿失去。

（3）被征地农民对土地补偿期望值过高。随着社会经济的不断发展，特别是房地产业的蓬勃发展，商业用地出现上百万元、上千万元每亩的高地价；其他工程征地补偿中尝试的长期补偿方式，也逐渐被人了解。受此影响，被征地农民对补偿的期望值很高，而在标准未确定前，政府对农民的咨询不能明确答复，无形中也增加了农民对补偿的期望。当发现实际补偿标准与期望值差距较大，被征地农民产生抵触心理。

二、主要做法

为了顺利推进东湖水库征地补偿工作，章丘区在不同阶段采取了相应措施，促进了问题的解决，推动了东湖水库征地补偿工作的实施。

（1）征地补偿工作正式开始前，开展风险评估，组建相应机构，完善制度，以应对各种突发性事件。章丘区通过风险评估发现，现阶段农村利益关系交错、情况复杂，征地工作直接触及村民根本利益，村民容易产生抵触情绪；实施综合片区价后，补偿标准虽有较大提高，但是与村民的期望值相差甚远，而且受区片划分影响，东湖水库工程所占的历城、章丘土地补偿标准相差过大，易激化矛盾，风险较大。

为此，章丘区南水北调工程指挥部结合当地实际建立了工作领导体系。成立领导小组，由区政府主要领导任组长，分管领导任副组长，公安、水务、国土等相关部门和征地涉及的三镇党委主要负责人为成员，负责总体协调；成立工程指挥部，由区分管领导任指挥，区直主要参与部门负责人和涉及的三镇镇长任副指挥，领导小组成员单位分管领导为成员，负责具体实施。编制了应急预案，以应对突发性事件；设立热线电话，成立政策咨询组，负责政策咨询答复。各乡镇也成立了相应的工程指挥部，并抽调熟悉农村工作、作风干练的机关干部成立东湖水库包村领导小组，由镇委主要领导任组长，每个副局领导包一个征迁村，每个征迁村确定两名包村干部，明确分工，责任到人。实行包宣传、包稳定、包征迁"三包"责任制，形成了"层层有事管，事事有人管"的工作格局。这些工作机构的设立及工作措施的实施，为妥善开展征迁提供了有力保障。

（2）宣传工作贯穿整个征地补偿全过程。章丘区秉承"理解政策不偏差，宣传政策不藏掖"的宣传工作指导方针，通过张贴公告，发公开信，利用电视、电台、报纸等宣传手段，大力宣传南水北调工程的意义及征迁政策，营造大氛围，引导群众认识理解南水北调征迁工作。对村镇干部以及村内党员和威望高的人进行政策培训，使他们从思想上真正理解和支持政策，以带动周边人。同时充分尊重移民的知情权、参与权、监督权，公布政策咨询热线电话，有专人负责接听并及时记录，保证群众政策咨询通道畅通；请专家与群众面对面讲解政策以及工程重要意义；抽调熟悉政策、业务素质高的工作人员组成工作组进驻各村，现场解答问题；正式实施时严守公示、监督等程序，把整个工作过程完全置于阳光下，与营造的大环境形成良性互动。通过这些措施的实施，使征地农民知道了南水北调工程的重大意义，理解了征地补偿政策，明白了土地所有权和经营权的区别；引导群众逐步修正了利益观，树立获取利益要合理、合法、公平、公正的观念，从而正确处理个人利益与国家利益，局部利益与整体利益的关系，逐步缓解了抵触情绪，有力地促进了征地补偿工作。

（3）坚守政策底线，依靠基层组织，保护群众合法利益，依法打击极少数滋事者。在征地补偿工作中，坚守政策底线，在政策范围内依法保护合法利益，同时约束被征地农民在法律允许的范围内行使权利，获取利益。在具体工作中，大力帮扶并依靠基层组织，充分发挥村基层组织的能动性和权威性，与现场工作组人员密切配合，及时处理突发性问题，讲解相关政策，安抚移民情绪；对出现的新问题和掌握的第一手情况，及时向指挥部反馈，确保指挥部时时掌握最新动向，及时作出合理处理。对有预谋的激化矛盾、挑起事端、聚众闹事等超越法律底线的极个别人坚决予以制止，依法严惩，杜绝"大闹大解决、小闹小解决"的处理方式。对少数不法分子起到了震慑作用，促进了问题的解决。

以上措施的实施，促进了问题的解决，推动了东湖水库工程征地补偿工作的顺利实施，实现了按时交地，为工程的顺利实施奠定了基础。

三、思考与启示

深入的正面宣传有助于征地补偿实施。随着我国经济社会发展，群众维权意识和利益自我保护意识逐年增强，同时房地产等商业用地的高价出让、部分工程用地的长期补偿方式，对公益性基础设施建设用地的补偿标准及方式造成了冲击，若处理不当将会激化矛盾。积极正面的舆论导向非常关键，有利于人们树立合理的利益观念，促进征地补偿工作的顺利推进。在进行规划布局时，也应考虑区片地价因素，避免地价标准差异带来的问题。

征地补偿风险评估十分重要。通过评估，制定相应的应急预案，能有效将风险控制在一定范围内，对于防控突发性事件意义重大。

党的基层组织在征地补偿特别是在农村征地补偿工作中作用重大。依靠基层党组织，充分发挥基层党组织的作用，才能确保基层征地补偿工作顺利实施。

济平干渠工程解决征迁失地农民问题的成功经验（山东省）

山东省南水北调工程建设管理局

刘鲁生　季新民　黄国军

一、背景与问题

济平干渠工程全长 90.055km，涉及东平、平阴、长清、槐荫 4 个县（区）。工程经过槐荫区其中小杨庄、东谢屯、由里、宋桥 4 个村，占用 4 个村耕地 395.30 亩。由于历史上多次被征地，这 4 个村人均耕地已经很少，南水北调工程此次征地后，这 4 个村人均耕地仅有 0.18 亩，成为失地农民村。

失地农民的出现并不都是南水北调工程占地造成的，而是历史上多次征地造成的。南水北调工程占地只是加剧了人与土地的矛盾，农民失地问题从隐性变为显性，使农民因工程占地积累的问题借机爆发。

二、主要做法

为妥善解决失地农民的问题，掌握第一手资料，山东省南水北调工程建设指挥部成立了济平干渠槐荫区段解决失地农民问题现场工作组，由山东省南水北调工程建设管理局、济南市水利局、槐荫区政府、段店镇政府等有关单位组成专门班子，进驻工地现场，积极主动地与有关村干部、群众沟通，了解群众的困难和要求，向群众解释国家有关土地补偿政策和批复的济平干渠地面附着物补偿标准。通过调研发现，征地迁占存在的主要问题有：①国家土地补偿标准较低。段店镇属于济南市区，商业用地价格高（2003 年约为 30 万元/亩），南水北调工程属于国家大型水利工程征地，补偿标准较商业用地差距很大（南水北调征地补偿为 1.1 万元/亩）。②被征地各村土地面积均少，9 个村人均原有耕地仅 0.66 亩。③济南市区难以执行；济南市区城市拆迁地面附着物补偿标准较高，群众有攀比心理。④被征地村群众对土地投入较大，在土地较少的情况下，征地对他们的生产生活影响较大。⑤人均耕地 0.2 亩以下的失地农民，难以保证生活口粮。

为切实解决失地农民的问题，加快工程建设进度，山东省南水北调工程建设管理局一方面积极向国务院南水北调办和省政府进行汇报，并多次与济南市和槐荫区政府及省国土资源厅、省劳动和社会保障厅等单位沟通协调，听取意见；另一方面通过省政府及有关部门等利用各种渠道多层次向国家反映南水北调工程征地补偿标准低的问题。

2004年12月27日，山东省人民政府《关于贯彻国发〔2004〕28号文件深化改革严格土地管理的实施意见》（鲁政发〔2004〕116号）规定："征收集体耕地的土地补偿费、安置补助费合计不得低于亩产值的16倍，人均耕地0.2亩以下的两项费用按法定上限的30倍补偿。"

2005年5月9日，山东省南水北调工程建设指挥部成员会议召开，根据国务院南水北调工程建设委员会第二次全委会精神，关于失地农民问题会议纪要（省政府《会议纪要》〔2005〕第37号）如下："国务院南水北调建设委员会第二次全委会会议确定，南水北调一期工程的征地补偿标准按前三年每亩平均年产值的16倍计列，并允许省内可以调整使用。根据这个意见，省和各地级市准备各调整一倍的补偿资金，重点用于解决失地和特殊困难农民问题。失地农民地段征地补偿标准按照山东省有关政策规定的上限，即国家批复标准的30倍执行。仍然解决不了的，按照国务院《关于深化改革严格土地管理的决定》中规定的'土地补偿费和安置补助费的总和达到法定上限，尚不足以使被征地农民保持原有生活水平的，当地人民政府可以用国有土地有偿使用收入予以补贴'执行。"

山东省南水北调工程建设管理局在积极申请筹措该项差额资金的同时，于2005年6月2日先行垫支差额资金拨付到槐荫区，用于解决失地农民的问题。

济南市、槐荫区政府对失地农民的问题高度重视，多次召集财政、国土、农业开发、劳动保障、民政、体改、法制办等部门，认真分析研究，并与失地农民村代表座谈。根据城乡接合部失地农民的实际情况，经过认真调研认为，虽然按照30倍进行了补偿，但是仍然不能"保证被征地农民原有生活水平不降低"。为此，槐荫区政府提出了"建立失地农民生活保障制度，解决失地农民生活安置"的意见。

根据《山东省人民政府关于建立失地农民基本生活保障制度的意见》（鲁政发〔2003〕115号）的规定，在城市规划区内，失地时享有第二轮土地承包权，且失地后人均农业用地较少的在册人员（具体标准由各市人民政府确定），均应列入保障对象。山东省劳动和社会保障厅《关于印发〈失地农民基本养老保障操作办法〉的通知》（鲁老社〔2004〕15号）也提出了具体要求，对济南市、槐荫区提出的建立失地农民生活保障制度的意见，山东省南水北调工程建设管理局非常重视，一方面向省政府进行汇报，一方面认真研究并积极与地方政府沟通。2005年8月18日，省政府召开解决失地农民专题会议，在听取了各方意见后，会议确定：①将省和市各调整的1倍补偿资金拨付槐荫区政府，统筹用于解决失地农民问题；②在省和市各调整的1倍补偿资金还不能解决失地农民问题的情况下，为确保失地农民原有生活水平不降低，由山东省和济南市筹集1000万元，统筹用于解决失地农民问题。若还有不足，由济南市从国有土地有偿收入中补贴。

至此，备受关注的济平干渠槐荫段失地农民问题得到了妥善解决。在省、市、区政府和有关部门的大力支持和密切配合下，通过南水北调济平干渠槐荫段现场工作组艰苦细致的工作，槐荫区4个失地农民村征地迁占工作顺利完成，群众情绪平稳，施工环境井然，社会安定。工程建设按计划全面展开，施工企业争分夺秒，确保了济平干渠工程2005年底全面建成并一次试通水成功。

三、思考与启示

（1）征地移民工作是与农村、农民、农业密切相关的"三农"问题的重要组成部分。解决失地农民问题是宪法赋予公民的生存权，也是各级政府的重要职责。依法办事，以理服人，坚持原则，实事求是，解决问题，是征地迁建的基本要求。

（2）失地农民问题的圆满解决，是真正贯彻党和国家"以人为本，构建和谐社会"的具体体现。执行政策是基础，筹措资金是保障，加强领导是关键。

（3）紧紧依靠地方政府，维护群众的合法权益，才能维护施工环境，维护社会稳定。

解决穿黄河工程征地移民历史遗留问题的成功探索（山东省）

南水北调东线山东干线有限责任公司

郑浩　刘霆

一、背景与问题

东线穿黄河工程位于山东省东平和东阿两县境内黄河下游中段，地处鲁中南山区与华北平原接壤带中部的剥蚀堆积孤山和残丘区，是南水北调东线长江水过黄河的咽喉，也是连接东平湖和鲁北输水干线的关键控制性项目，在整个东线工程建设中具有重要地位，全长 7.87km。

南水北调穿黄河工程项目始于 20 世纪 80 年代初，经历穿黄勘探洞和穿黄勘探洞加固工程两个施工阶段，历时长达 20 余年。期间，围绕征地移民工作展开过多次现场调查、勘测定界、方案比选等工作，并签署了穿黄勘探洞加固工程永久征地与移民迁建协议。

1986 年探洞工程开工前，征用了位山村 2.8hm² 的宅基地作为工程用地。1990 年 12 月 9 日，海河水利委员会南水北调指挥部与当地政府签订了征地移民协议，永久征用位山村土地 6hm²，并根据实地情况，对剩余的不在征地范围内的 60 户村民也进行了搬迁，但只给予地面附属物补偿，不征用土地。由于工程投资停止拨付，移民工作不能按协议开展。1991 年 1 月 16 日，山东省南水北调办公室向东阿县政府发送《关于抓紧进行南水北调东线穿黄工程移民迁建安置工作的通知》，要求做好位山村群众的思想工作，抓紧进行移民迁建安置，按期完成任务。1991 年 8 月 26 日，指挥部与东阿县协商，双方同意移民工作分期开展，但由于种种原因，至 2007 年国家批准穿黄河工程初步设计时，仍有大部分居民未完成搬迁。为保证工程工期，确保南水北调工程 2013 年通水，搬迁问题急需解决。

2008 年 4 月 22 日，东阿县及工程影响范围实物量调查工作开始，东阿县支援南水北调办公室以《关于东阿县刘集镇位山村 176 户移民搬迁的请示》（东调水〔2008〕16 号）向山东省南水北调局提出，根据 1990 年 12 月工程建设管理单位与政府签订的征地与移民安置协议，将涉及的所有移民 176 户 560

人全部搬迁。

东阿县刘集镇位山村地处位山引黄灌区渠首，常年受黄河及引黄渠的侧渗影响，地下水位居高不下，盐碱化严重，加上水利建设不配套等原因及引黄渠道清淤、黄河清淤及南水北调探洞工程，占用了大量耕地，造成农业产量低而不稳及人多地少的状况，群众生活贫困。

由于位山村人多地少，隧洞施工征用土地工作较为困难，从穿黄隧洞到穿黄工程的全面开工，历时20余年，由于穿黄探洞施工已先后两次征地102亩，全村大部分已经搬迁至距离老村1.2km的位山新村，为保证南水北调工程施工环境，当地政府严格控制在位山老村内新盖房屋和迁入人口，致使许多房屋经久不修，很多已经坍塌，如不进行位山老村整体搬迁，群众抵触情绪很大，征地移民工作很难进行下去，严重阻碍了南水北调工程建设步伐。

二、主要做法

1. 制定符合实际的设计方案

《南水北调东线第一期工程穿黄河工程建设征地及移民安置报告》中明确提出：根据建设管理单位与地方政府签订的搬迁协议，对涉及的所有移民176户560人均搬迁至聊卫路以西新村建房，对新村的基础设施进行统一规划、建设，原老村宅基地复耕。

2. 出台政策，科学组织，精心实施

为顺利解决位山老村搬迁的问题，山东省南水北调局组织召开了南水北调穿黄河工程征地移民咨询座谈会，与会专家查阅了相关档案资料，经过认真讨论，形成了初步意见，对位山老村补偿范围内的房屋及地面附着物的补偿，在落实基础资料的同时，广泛征求地方政府意见。根据咨询意见，山东省南水北调局下达了《关于南水北调穿黄河工程位山老村移民安置补偿方案征求意见的函》，提出了三种移民搬迁方案供地方政府选择。

方案一：位山老村范围内全部房屋及附属物不搬迁拆除，按照批复标准的60%（与东平县标准相同）进行补偿，树木不补偿。该方案施工期间居住村民，临时租房居住，租房补贴2000元/人。

方案二：根据海河水利委员会南水北调穿黄河工程指挥部与东阿县南水北调办公室签订的《南水北调东线穿黄勘探洞加固工程永久征地与移民迁建安置协议》，具体做法：①位山老村中心路以西房屋、附属物及树木按批复标准全额进行补偿，房屋、附属物及树木全部清除；②中心路以东房屋及附属物不搬迁拆除，按照批复标准的60%进行补偿，树木不补偿。该方案施工期间居住

村民,临时租房居住,租房补贴 2000 元/人。

方案三:位山老村(中心路两侧)所有房屋及地上附着物按照批复标准进行全额补偿,房屋及地面附着物全部搬迁清除。

地方政府根据征迁安置方案,广泛征求了搬迁户的意见,选择了补偿方案三。

3. 明确责任分工

为促进征迁进度,尽快进行地面附着物清查工作,山东省聊城市东阿县签订了《东阿县位山村移民安置补偿及安全协议》,由东阿县人民政府负责征地补偿和移民安置的实施工作,负责与移民户签订补偿安全协议,确保施工期移民安全,并预防处理好搬迁户信访工作。

在省、市南水北调办事机构的监督指导下,由县南水北调办公室牵头组织,县国土、林业、水利、设计、乡镇政府、村委及有关产权单位参与,开展了位山老村移民搬迁工作,现场清查资料由权属人签字并经移民监理认可后,将原始资料上报省局,省南水北调局根据核实认可的补偿资金下达了《关于下达南水北调穿黄河工程东阿县位山老村搬迁补偿实施方案的通知》,县政府根据此通知进行了资金兑付和附着物清理工作。

4. 依靠政府

根据《南水北调建设征地补偿和移民安置暂行办法》(国调委发〔2005〕1号)规定,南水北调工程建设征地补偿和移民安置工作实行"国务院南水北调工程建设委员会领导,省级人民政府负责,县为基础,项目法人参与"的管理体制,征地移民工作有很强的社会性,只有依靠政府,充分发挥宣传、动员、调配、执法、维护稳定等政府行为,才能做好征地移民工作,为推动征迁外业工作提供强有力的组织保障。东阿县成立以分管副县长为指挥的东阿县南水北调工程建设指挥部,并设立了以刘集镇政府为主的前线指挥部,坐镇一线,靠前指挥。整个征迁过程中各级南水北调办事机构和县、镇政府,坚持执政为民,想群众所想,或以座谈会的形式,或走访深入农户,认真耐心的与群众交流沟通,向群众做好政策、标准的解释工作,及时化解群众上访和群体性事件,维护了工程施工环境。

5. 建立监理、监测和评估机制,确保移民搬迁安置的顺利进行

制定详细的移民搬迁安置政策目标、进度控制目标和质量控制,确保搬迁安置工程投资项目按规划、按规范的顺利实施;对搬迁安置进行有效地监测评估,确保搬迁安置的经济效益和社会效益,保证群众的合法权益,同时杜绝挪用、占用征地搬迁资金现象的发生。

2009 年 5 月 15 日，位山老村搬迁安置完成，清除全部房屋及地上附着物，并完成复垦工作。

三、思考与启示

征迁安置是一项政策性、群众性很强的工作，必须始终把维护最广大人民群众的根本利益作为出发点和归宿，坚持依法行政，坚持用发展的办法解决问题，推进征地移民工作走向法制化、规范化的轨道。

搞好宣传发动，开展深入细致的思想政治工作是做好征迁工作的前提。因此，要通过各种手段加大征迁宣传力度，让群众了解征迁政策，既能支持工程建设，又能依法保障自己的合法权益。只有解决了群众的后顾之忧，努力把思想工作做在前、做上门、做到家、做到位，群众才有搬迁安置的动力，才能主动配合移民征迁工作。在实施征迁之前，要把政策规定向群众进行反复的宣传解释。在征迁实施的过程中，对群众反映的困难也要尽最大努力帮助解决。对群众的合法权益要坚决予以维护。特别对征迁中的困难户更要千方百计解决他们的实际生活困难。通过扎实的思想政治工作，说服群众、教育群众，争取大多数群众的支持，形成充分理解工程建设，主动支持工程建设、积极服从国家安排的良好征迁氛围。

及时化解矛盾是征迁工作的重中之重。对已经发生的以及排查出来的矛盾和问题，要按照"谁主管、谁负责"的原则，制订工作方案，千方百计把不稳定因素解决在内部，解决在萌芽状态。同时，要制定征迁工作应急预案，一旦发生群体性事件，能及时采取有效措施，依法妥善处理。

南水北调中线工程汤阴宜沟东取土场征地实践（河南省）

河南省安阳市汤阴县南水北调办公室

李海强　蓝慧臣

一、背景与问题

南水北调中线工程汤阴段宜沟东取土场位于总干渠右岸，东西长约2677m、南北长约3019m，面积2597.12亩，涉及汤阴县宜沟镇芦胜街、新华街、解放街，其中芦胜街695.13亩、新华街1149.37亩、解放街752.62亩。该场区原为水浇地，地形平坦，地面高程81.90~82.70m。面对临时用地交地时间要求紧、工作量大的困难，经过工作人员的一致辛勤努力，实现了按期交付，保证了南水北调工程顺利进行。

二、主要做法

（1）落实责任。征地工作按村庄分小组开展，每个分小组都采取"五包"（包工作经费、包征地补偿、包征地清表、包处遗稳定、包协调推进）的方式。一方面，明确了承包村庄的责任、自主工作的权力，适当的风险抵押和激励保障，给每个分小组增加了工作压力，也给任务的完成提供了动力。另一方面，"包征地补偿、包征地清表、包处遗稳定、包协调推进"这"四包"又将征地工作中的几项内容连在了一起，并不是只要签订了征地协议就已经完成任务，而是要完成所有的收尾工作才能获得相应的奖励，这就要求必须保证征地清表过程的程序合法，协议的内容真实有效，防止出现弄虚作假、虚报瞒报引发群体性纠纷。

（2）分类指导。一是机井保护，明确要求施工单位在施工过程中，要做好醒目的标志，给予保护；如有破坏，由施工单位予以补偿。二是地表清理及耕作层剥离、堆存，要求施工单位将地面不适宜耕作的杂物（废弃建筑材料等）清理干净后，剥离耕作层，剥离过程中要避免砂卵石、白干土等不宜耕作的物质混入。耕作层剥离后分别集中堆存在取土场临时堆存场内，堆高一般不超过

5m，边坡控制在 1∶1.5 左右；并做好管护，避免雨水冲刷流失和盗用，采取坡脚装土编织袋、挡坎、坡面覆盖防尘布等临时防护措施。三是取土管理，在耕作层剥离后，施工单位取土，要求工程土料集中堆放时不得与耕作层土料混杂。四是规范回填弃土，要求施工单位按规划控制堆放高度，分两层回填弃土。下层为回填弃土，分层摊铺，并适当碾压；上层为防渗、保水、保肥层，土料为重粉质壤土。五是做好土地复垦，在取土任务完成后，按照原标准、结合土地所有者意愿进行复垦，要求实施单位按工程步骤做好技术措施，包括防渗、保水、保肥层碾压，耕作层恢复，堆存的耕作层摊铺、平整，按原标准恢复灌溉渠道、地埋管道、低压线路，按原标准并结合周边道路布局，恢复道路，通过增施化肥、农家肥等措施恢复地力，复垦成水浇地。

（3）抓住关键。征用农村集体所有土地，必须经村民会议 2/3 以上成员或村民代表同意。一般来说，做通了村民小组领导和几个在村民小组中比较有影响力的村民的工作，就做通了几乎 70％以上村民的工作。一是找准关键人员定方向。工作之前掌握村民小组领导和村民代表、年长者中，平时谁的影响力最大，谁最关心集体建设，谁比较愿意配合帮做工作以及关键人员的性格特点、办事能力等基本情况，特别是掌握在汤阴工作的宜沟籍干部人士的家庭社会关系，从而有针对性地制定工作方向。二是抓住关键人员点突破。针对选定关键人员的情况，征地工作小组采取集体座谈、个别约谈和平时工作中随意交谈等方式，从正面、侧面向单位领导、村民小组长、村民代表传递征地信息和相关政策规定，了解掌握单位干部职工、村民代表们的想法和要求，争取被征地拆迁单位和群众的支持与理解，帮助县领导、村组干部、代表分析所提条件的可行性和必要性，反复协调县政府和村民小组之间条件的平衡点。三是配合关键人员扩成果。取得关键人员的理解与支持后，及时协助他们先分头在小范围内做通亲友思想工作，待条件成熟再按规定程序和要求组织召开单位职工大会、村民小组村民会议或村民代表会议进行表决通过，确保工作成果真正落到实处。

（4）强化协调。一是整个征地过程中要注意发挥村委会一级的作用。利用村委会的本土优势，更有助于缓解矛盾，有助于解决问题。二是征地工作小组必须站在第三方公正立场来协调处理问题。既要按照政策帮助当地群众争取最大利益，又不能纵容他们借机提出更多不合理不现实的要求，扰乱征地正常秩序。对土地被征用后确实会对群众的生产生活造成明显不利影响的特殊情况，在给足政策的情况下，本着互惠互利的原则，积极动员协调项目业主进行换位思考，针对被征地村庄的实际，主动让利，采取帮助村队完善基础设施、以奖代补、捐资办学等形式，帮助解决现实存在问题，达到共赢目的。

三、思考与启示

（1）领导重视到位。在接到征地通知后，县委、县政府主要领导亲自上阵，调动了在县城工作的优秀干部挨家挨户做思想工作，减少了冲突，节省了时间与经费，展现了领导干部的表率形象，起到了事半功倍的效果。

（2）宣传政策到位。针对部分村民法律意识淡薄，不配合政府征地的情况，通过充分的政策宣传，找准突破点，带着细心耐心真心去做群众思想工作，最终实现了工作目标。

（3）具体措施到位。根据确定的期限，细化目标，分类指导，落实责任，制定台账，逐一销号，最后达到共赢。

汤阴县南水北调办公室在时间紧、任务重的压力下，及时完成征地工作，被河南省政府、河南省南水北调办公室总结为"汤阴现象"，为后续工作提供了有益借鉴。

第三篇
拆迁安置

卤汀河拓浚工程拆迁安置的
经验做法（江苏省）

江苏省泰州市海陵区卤汀河拓浚工程建设处

王羊宝

一、背景与问题

卤汀河拓浚工程是南水北调东线里下河水源调整工程项目之一，在泰州境内全长 55.9km，途经海陵区、姜堰区、兴化市，其中海陵段 8.8km（包括新通扬运河段 3.6km，卤汀河段 5.2km）。拓浚工程拆迁涉及 6 个镇（街道、园区）12 个村，共搬迁村民 338 户。规划建设集中安置点 4 处，分别为朱庄安置点、渔行安置点、朱东安置点和窑头安置点。至 2011 年 8 月底，房屋拆迁工作基本完成，为工程的顺利实施奠定了坚实基础。

二、主要做法

1. 调查复核拆迁实物量

对工程红线范围内拆迁户的房屋及附着物进行前期的详细调查，并一一登记造册。在调查的基础上，省、市、区工程实施单位会同街道（园区）、村于 2010 年 9 月对拆迁实物量再次组织复核，工程实施单位、街道（园区）、村的有关负责人及拆迁当事人等对复核实物量进行确认签字，保证调查数据的真实可靠。

2. 营造良好的拆迁安置氛围

卤汀河工程建设指挥部印发了卤汀河工程宣传提纲，大力宣传工程实施的主要内容及其产生的防洪排涝、引水航运、改善生态等方面的巨大效益，沿线街道（园区）、村通过召开会议、张贴标语、悬挂横幅等形式，向基层干群积极宣传工程实施的重要意义及有关拆迁安置补偿的政策，通过宣传，努力营造沿线群众主动参与、主动搬迁、支持工程建设的良好氛围。

3. 评估、公示拆迁实物量

落实有相应资质的评估公司，根据海陵区卤汀河工程征地拆迁补偿实施意见，对拆迁户房屋及附着物进行评估。坚持公开透明、阳光操作的原则，2011年2月利用村政务公开橱窗或宣传栏，对所有拆迁户的房屋及附着物实行张榜公示，实行一户一表并建立档案资料。公示期间，街道（园区）、村负责人、区卤汀河工程建设处以及监理、评估单位工作人员组成专门工作小组，深入现场，宣传政策，并认真解答拆迁户提出的各类搬迁问题，同时，对实物量有异议的拆迁户上门进行复核确认。

4. 制定实施政策和操作流程

卤汀河工程建设指挥部根据省、市相关政策，结合实际情况，制定出台了具体的拆迁安置补偿实施意见，为实施拆迁安置工作提供了政策依据。同时明确了拆迁工作的具体操作流程，确保拆迁工作能够有条不紊地展开。实际操作中，坚持公开透明、阳光拆迁，始终按政策办事，做到"一碗水端平"，绝不随便违背政策。凡是要求公示的政策及事项一律上墙公示，主动接受群众监督。卤汀河指挥部及街道（园区）强化拆迁政策的培训学习，统一政策口径，及时处理基层群众的来信、来访，努力维护稳定和谐的拆迁工作氛围。特别是在安置区宅基地（安置房）的选择上，坚持"先签约交房、先选择宅基地（安置房）"的原则，让带头签约交房的拆迁户能够选到自己满意的宅基地（安置房），这一方面促进了拆迁户签约交房的进度，另一方面也加快了拆迁户安置的进程。

5. 坚持安置点规划建设先行

为了最大程度争取广大拆迁户对工程建设的支持，超前规划、及时启动安置区建设是重要前提和基础。在拆迁工作全面实施前，海陵区就结合村庄总体规划，科学安排和统筹安置区的选址及配套基础设施建设等问题，在村庄显著位置公示集中安置区的规划布局、房屋户型、整体效果图等，采纳拆迁户好的意见和建议。集中安置区方便快捷的交通、配套齐全的设施、绿色生态的环境等深深地吸引、打动了拆迁户，增强了他们主动搬迁、服务工程建设大局的自觉性。

在卤汀河拓浚工程建设中，各镇、街道、园区始终把安置区建设作为推动征迁工作的重点，以精雕细琢的精神实施安置区建设，渔行、朱东、朱庄、窑头安置区成为装扮海陵新农村的一道风景线。在集思广益的基础上，对安置区实行统一规划，确保房屋的外观、造型、前后间距等保持一致，水、电、路等配套设施能够科学合理布局。在安置区建设过程中，始终把文明安全施工放在首位。街道、园区及相关村抽调专人负责安全生产，每天坚持现场巡查，不放过任何一个安全隐患，因为人员、措施的到位，现场没有发生一起责任事故。

营造良好的人居环境，保证搬迁户能够安居乐业，是安置工作的最终目标。在完善配套基础设施的同时，对安置区周边的河道水系进行整治，保证水清岸洁；在安置区道路两侧、河道沿岸栽树种草，打造绿色家园；兴建改造一些桥梁，沟通安置区与外部骨干路网，以通畅快捷的交通方便老百姓的出行。

三、思考与启示

（1）正确处理好国家、集体和个人利益之间的关系。卤汀河拓浚工程是国家公益性的重点水利工程，工程影响范围内涉及土地征用、拆迁户房屋拆迁、企事业单位迁建以及种养殖业的补偿等。面对错综交织的利益关系，要统筹兼顾、权衡利弊，妥善处理好国家、集体和个人三者之间的利益关系，既要把国家重点工程的资金用到"刀口"上，发挥资金的综合效益，又要维护好地方集体和拆迁户的切身利益，做到在政策范围内最大限度地让利于民，让基层群众得到实惠，从而自觉地支持配合工程建设。

（2）正确处理好发挥主观能动性与争取党委政府支持的关系。卤汀河工程拆迁工作虽然是水利部门牵头实施的，但始终离不开地方党委、政府强有力的行政推动。水利部门在积极做好政策调研、协调沟通、资金管理、征地手续办理等工作的同时，应超前主动地向地方党委、政府汇报工作，反映情况，以争取领导的重视与支持；还要加强与街道（园区）、村的联系，争取乡（镇）、村领导的支持配合，以充分发挥行政推动在拆迁工作的最大作用。海陵区委、区政府不定期召开拆迁安置工作现场督查推进会，卤汀河沿线的街道（园区）的党政主要负责人亲自部署、分管负责人全力以赴，同时把拆迁户和企事业单位的拆迁责任分解落实到具体责任人。一线工作人员全身心扑在搬迁工作上，耐心细致地做好拆迁户的思想工作，保证了拆迁工作顺利推进。

（3）正确处理好拆迁、安置与工程建设之间的关系。拆迁、安置与工程建设，三者相互制约、相互影响。没有拆迁，就谈不上安置；没有有力、有效的安置，拆迁也就不会顺利；拆迁安置不能顺利完成，就会制约工程实施，而工程的实施又会反推动拆迁的进程。实际操作中，安置点建设应适度超前于拆迁工作，应及早确定并规划安置点的整体布局，让拆迁户了解、接受安置点的规划安排、周边环境等，为启动拆迁打下坚实基础。如果安置点没有精心谋划好就仓促实施拆迁，可能导致房屋已拆的拆迁户建房没有去处，甚者可能激化矛盾，形成不稳定因素。

（4）正确处理好规划设计与听取地方建议之间的关系。水利工程的实施，与地方经济社会事业的发展密切相关。实际工作中也经常碰到这样的情况，拆迁红线如果这样划，似乎更合理些、更科学些，也能减少许多矛盾；工程规模与位置如果再优化些，更能解决基层的实际问题等。要避免上述问题，这就要求在高度重视工程前期工作的同时，积极听取地方的建议和呼声，更加科学有效地搞好规划设计，从而使工程实施方案能够最大限度地照顾基层的切身利益，赢得基层干部群众的理解与支持。另外，涉及重点水利工程的拆迁补偿政策，也应多征求地方意见，以便出台的政策更符合实际情况，更有科学性和可操作性。

金宝航道工程拆迁安置探索（江苏省）

江苏省金湖县南水北调工程拆迁工作小组

郑传宝　罗建华

一、背景与问题

金宝航道工程是南水北调东线一期工程的设计单元工程之一，东西总长为 37.2km，涉及金湖县涂沟、银集、前锋等 7 个镇以及县滩涂开发公司、县河湖管理所等 17 个单位和村居。共永久征地 2092 亩，其中耕地 1207 亩；临时用地 1997 亩；清除湖区航道围网养殖 97 户 1442 亩，清理砍伐树木 80658 株，改复建供电、通信等专业线路 98.32km，迁坟 1109 穴，迁建县殡仪馆 1 座，搬迁 476 户 1897 人。

二、主要做法

金宝航道工程拆迁安置的主要做法是：确立一个主体，订好两个协议，确定三种安置形式。

（1）确立一个主体。确立乡（镇）级政府是组织征迁安置的主体，也是责任人。从征地、安置区规划、实施方案制定、基础设施建设，到安置宅基地落实、手续审批，再到质量把关、工程项目验收、审计等都明确由相关乡（镇）政府全权负责。县征迁工作小组负责指导监督，不干预、不参与工程的招投标和施工。由相关乡（镇）级政府成立专门组织，专人分工负责，明确相关职能部门具体实施，保证这项工作顺利开展。

（2）订好两个协议。一是安置区建设与管理的协议。根据江苏省南水北调办公室提供的初始调查范围、人口和户数，规划建设的三个移民集中安置区的情况，并按照初步概算，金湖县征迁工作小组与乡（镇）级政府签订了协议，并要求乡（镇）级政府分安置区编制具体的实施方案和项目预算。同时，明确所有工程按实施方案组织实施，确保通过国家的竣工验收。二是拆迁安置包干协议。为保证所有拆迁户都能得到妥善安置，县拆迁工作小组、相关乡（镇）级政府专门签订了拆迁移民安置包干协议，明确了要求、条件、做法和责任。

（3）确定三种安置方式。一是对经济条件比较好的，在指定安置区内划给宅基地，由拆迁户自己建房。根据实际情况，在广泛征求意见的基础上，因村因户而宜，采取多种方法。家庭目前急需用房，自己又积极要求建房的拆迁户，在确定和审批的安置区内划给宅基地，在统一规划、统一放样、统一标准、统一验收的原则下，由拆迁户自己负责建房，如原涂沟镇的港中小区、通衢小区。但这些安置户情况也不完全相同，有的户经济条件好要建楼房，有的户经济条件差要建平房，相关镇政府根据情况将有能力建楼房的规划在一起，建不了楼房规划在一起。二是对经济条件较好、目前需要用房但不愿意自主建房的拆迁户，实行代建安置。由镇政府负责组织、规划、设计和招标，由开发商代建安置房，将房子建好后，以低于市场价高于成本价的价格卖给拆迁户，如原银集镇荷塘湾小区。镇政府在规划的小区内按照规划设计出大、中、小多种户型，由安置户根据家庭人口、经济条件、地理位置选购自己理想的房子。然后政府根据搬迁协议中原来房产补偿费数额的多少采取多退少补方法确定安置。银集镇还制定了统一的标准，对每个拆迁户购安置房时给予 5000～8000 元的购房差价补助。三是对经济条件较差的困难户、特困户，暂时购不起、建不起房，又不着急要房或者县城有房的拆迁户，采用货币过渡安置和备留宅基地的方式进行安置。

三、思考与启示

在金宝航道工程征迁安置工作经验主要有以下六个方面：

（1）领导重视，是做好征迁安置工作的前提。任何时候，任何工作，领导重视，亲自过问，正常抓和重点抓效果完全不同。

（2）宣传教育，是做好征迁安置工作的基础。征迁安置中，任何工作都必须按照政策办事，需要统一思想认识，才能更好地执行，必须靠宣传教育发动、引导和教育。只有宣传教育工作做好了，干部群众认识统一了，工作才能得到群众的理解、支持。

（3）执行政策，是做好征迁安置工作的关键。按照政策办事是做好工作的依据，把政策执行好是做工作的关键。老百姓常说不怕政策狠，就怕政策不平等。只要严格按原则和政策规定办事，工作才会取得实实在在的效果。

（4）改革创新，是做好征迁安置工作的动力。只有坚持改革才能发展，创新才有出路，不能墨守成规，教条主义。

（5）协调配合，是做好征迁安置工作的基础。俗话说"独木不成林，单纱不成线"，只有多个部门通力协作，相互配合，共同努力，才能做好工作。

（6）重视群众来信来访，是做好征迁安置工作的纽带。400多户的拆迁安置、征地补偿，工作做得再好，也不可能面面俱到，乡（镇）、村组干部在村组做工作也不可能一点失误没有，为了让群众要求得到满足，从工程一开始，就十分重视群众的来信来访工作。乡（镇）政府接待群众来信来访110多人次，其中，集访13次，来信60多封，协调处理矛盾纠纷90多件（次），帮助解决了不少难题，群众反映较好。

三阳河工程生产安置的做法及效果分析(江苏省)

江苏省高邮市水利局
徐一斌　王祖勋

一、背景与问题

三阳河工程涉及高邮市三垛、司徒、横泾、周巷、临泽等 5 个乡(镇)、18 个行政村,高邮市范围内拆迁房屋 640 户,共 4.95 万 m^2;企事业单位 49 个,共 3.6 万 m^2;迁移 10kV 以上电力线路 55 条、通信电缆 109 条、光缆 57 条;建设跨河桥梁 15 座、顺河桥梁 18 座;影响闸站 35 座;疏浚河道 23 条、共 99.6km,土方 139.64 万 m^3;水系调整配套建筑物 76 座。共征用土地 6852 亩,其中建设用地 6458 亩,安置区用地 394 亩。

二、主要做法

为积极配合和支持国家重点工程建设,江苏省人民政府办公厅、扬州市人民政府先后下发了南水北调三阳河潼河宝应站工程征地拆迁安置工作实施意见和办法。结合《中华人民共和国水法》《中华人民共和国土地管理法》《国家建设征用土地条例》等相关法律法规,高邮市政府及时组织相关部门和乡(镇)负责人及参建工作者认真学习领会其纲领要点,研究制定本地科学、合理、具体的安置方案。

(1)制定安置方案。由市政府办公室牵头,按征地、拆迁、安置不同类别分别召开镇级、村级负责人和群众代表座谈会。依据实际情况和多数干部群众的意见,形成了本次工程沿线农民"只少地而不失地"的共识,而农民少地的幅度一般不大于市平均水平的 40%(原有面积低于安置标准的除外)。为此,高邮市人民政府以邮政发〔2003〕51 号文件,具体提出了南水北调三阳河工程沿线征地首先以农业安置为主,人均土地安置标准不低于 0.8 亩(不含宅基地)。在实施过程中,首先组内安置,组内安置不了的在本村内实施安置,有关乡(镇)根据市文件要求,提出了本村安置不了的由乡(镇)进行调剂安

42

置，确保工程移民无失地户，以保证群众基本生活所需的生产资料，同时还要求相关村组采用推磨转圈，缩短承包期或整体推进，抓住机会结合实施土地产业结构调整，克服困难确保安置实施到位。

（2）成立工作小组。各级政府均成立了强有力的组织机构，市成立了由一把手市长任组长、相关部门主要负责人为成员的领导小组，各镇由主要领导和分管负责人任正副组长，相关单位主要负责人为成员的征迁安置办公室，并配套了工作能力强、思想觉悟高、工作资历深、群众基础好、有一定专业基础知识的人员作为一线工作者。同时，经扬州市建设处批准成立高邮市建设处，并设置征迁科，配备优秀的水利工作者，具体承担本级政府工程范围内的征迁安置。

（3）强化宣传发动。一是宣传工程建设的重要意义和相应的法律法规；二是宣传制定具体安置办法的政策法规依据和上级有关文件精神；三是宣传工程采用土地调整安置的优越性和长远效益；四是宣传"三公平、四到位"的征迁安置工作程序，欢迎广大群众监督。宣传方式主要是召开各级动员会，利用广播、电视、宣传栏进行广泛宣传，并先后出动宣传车、船 80 多次、张贴宣传标语 400 多条、发放宣传手册 700 余份，努力做到家喻户晓、人人皆知。

（4）坚持阳光操作。坚持公平、公正，分阶段实行征地公示，真正做到阳光操作。从基层调查摸底和全市多次的工程征迁表明，征迁群众对国家工程征用土地和房屋拆迁从思想上总体都是理解和支持的，而内心想法是不怕补偿少，就怕不公平。建设处征迁办和各镇分管负责人共同研究，根据充分发扬民主、全方位接受群众监督、分阶段实施公示的原则，实行公开、公平、公正，制定严格的操作程序，分别由各级组织机构负责公示，明确各自具体公示内容，每项公示上墙后，由镇办事处上报市建设处，两级机构同时派员现场拍照留存。公示不少于 7 天，公示内容落款设有举报电话，欢迎广大群众监督，对弄虚作假行为进行投诉。公示期间举报电话 24 小时有人值班，并对举报问题认真调查核实后，现场协调处理。整个公示阶段全部做到征地内容真实、分配方案清楚、安置补偿合理、公平公正到位。采用分段公示的措施充分体现公平公正，资金打卡及时到位的方式方法安定一方民心，得到了广大移民的真心拥护和支持，也为后续工程顺利进展和矛盾的缓解做好铺垫。

三、思考与启示

当前，工程建设区域呈现出一派繁荣富强的景象，移民安居乐业，社会和谐稳定，面貌万象更新。工程的实施，使当地群众得到了真正的实惠，其工程效应主要表现为如下方面：

（1）在此次征地调田过程中，有关村、组根据新形势生产需要，结合产业结构调整，重新划定种养殖业新品种的产业布局，经十多年的操作运行，显示更趋于科学合理，优势十分明显，不但改变了地方环境，提升了产品质量，群众的收入也明显增加。

（2）在征地调田的过程中，部分征用量较大、调田幅度较大的村组，借征地调田机会，重新规划，调整道路、水库、灌排系统等区域公益性设施布局。在市、镇两级财政的有力支持下，兴建了一批公益事业性工程，改变了农村面貌，提高了当地群众生产生活条件，农户出门行走更方便，生活更美好，展现了新农村建设的美好景象。

（3）由于依照征地调田政策所涉及的关键内容，全部分阶段公示，消除了以往群众对政府不信任的阴影，密切了干群关系，在此工程以后，群众对政府和行政机关制定政策和执行能力信任度增加，移民群众都认为：相比以往，此次调田征地，政策合理、操作阳光、补偿到位、事事公平，从而激发了当地群众支持国家重点工程建设的热情。

（4）工程征地调田的实施，为高邮市实施国家和地方政府兴建公益性工程征用土地，提供政策依据和经验做法，此后该市的许多大型工程征地均引用三阳河工程的征地成功做法，全部收到了良好的效果，确保了各项工程顺利进展，受到了社会的一致好评。

（5）通过征地调田，保证了沿线群众基本都能满足留有富余的口粮田，使工程移民感到手中有粮心中不慌，随着粮食价格和农副产品价格的上涨，优势越来越明显。老百姓的基本生活得以保障，社会就和谐稳定，群众对党和政府各项政策的执行理解和支持力度就高。

（6）各阶段的政策公示，秉持公正、公开、公平原则，使工程事前、事中、事后矛盾的发生大幅度减少，化解矛盾的难度也大幅度降低，在近三年的施工过程中，本区域基本上未发生较大的上访、集访事件。

（7）征地调田政策的制定和执行，大大减少了施工单位与地方群众的矛盾，整个施工期内，到处洋溢着和谐安定的气氛，干部群众支持南水北调工程建设的热情日益高涨，到处呈现安定祥和的美好环境，征地调田方案落实到位后，未发生因征地问题而产生的阻工现象。

南水北调三阳河工程在高邮市的建设，改善了沿线区域环境，促进了一方经济发展，改变了施工区的农村面貌，提高了生产生活水平。工程区域内由于三阳河河道的开挖和周边河道的疏浚整治，引排能力明显增强，航运能力提高。水体的扩大，水源汇水面积的增加，使水质条件改善，水产和农副产品的质量得以优化。集镇垃圾场的搬迁，改善了当地群众生产生活环境。如今十多年过去了，工程实施范围内到处呈现欣欣向荣的景象，已成为高邮市里下河地区一条靓丽的风景线，成为扬州市新农村建设的亮点。

三阳河工程拆迁集中安置的做法和体会
（江苏省）

江苏省高邮市水利局

徐一斌　王祖勋　尤华

一、背景与问题

南水北调三阳河工程在江苏省高邮市境内长 28.25km，涉及 5 个镇 24 个行政村（社区），共需拆迁居民住房 640 户 4.95 万 m²，涉及人口 1906 人。为使新建河道与原南段已开挖的三阳河顺直贯通，河道工程需穿越三垛、临泽两个千年古镇的中心部位，将其一分为二。其中具有 1500 多年历史的三垛镇拆迁任务最重，需拆迁安置 364 户，涉及人口 1116 人，搬迁企事业单位 27 家，停产停业人员 104 人，总搬迁量占全市总量的 60％以上。该镇在江苏省实施三阳河小通工程时，已实施过一次拆迁安置，部分居民和企业面临二次拆迁；还有较多拆迁户持观望态度，静待安置政策出台。

经前期调查摸底，发现的具体问题有：一是少数拆迁户年老体弱，身边无子女，无力自行实施拆建；二是少数房屋拆完后，优惠政策未落实到位，建房手续拿不到，不能开工；三是涉及五处文物，且动迁户较多，不能集中统一拆迁；四是安置小区地点选在集镇郊区，是规划的未来镇中心位置，当地村组人均耕地偏少，集中安置用地量大，而拆迁安置用地并非工程用地具有唯一性和不可选择性，补偿标准又与工程用地一样，部分村民抵触情绪较大，阻止拆迁户建房；五是部分无亲友可投靠，又没有经济能力租房的拆迁户过渡房无法落实。由于上述客观情况，到 2003 年 4 月底，整个集镇段 250 多拆迁户少见拆迁动作。

二、主要做法

在实施中，高邮市各级领导十分重视，利用广播电视、报刊专栏、宣传车船、张贴标语等形式进行宣传，以镇为单位组成若干个工作组，利用晚间和法定假日深入各拆迁户中，调查了解情况、倾听民众心声、关注群众疾苦，动之以情、晓之以理，做深入细致的思想工作。对拆迁户提出的实际困难、正当安置要求，都给予明确回复，合理的要求予以承诺兑现，就移民普遍关心的安置问题，以对拆迁户高度负责的态度，积极筹划科学合理的拆迁安置方案。

1. 强化问题处理

对调查摸底发现的具体问题进行分析研究，在筹划征迁安置方案时大胆改革创新，以优惠便利的条件吸引动迁群众，从大力宣传发动入手，以解决安置户关注的问题为切入点，采用以统为主，统分结合，自由民主，在统一规划、统一模式、统一设计的前提下，多渠道、多形式地安置搬迁户。具体开展了以下工作：

（1）实事求是选取安置方式。按照货币安置、集中安置、分散安置三种形式，由搬迁户自主选择。由于集中安置既可节约土地，又可集中资金完善配套设施，积极向搬迁户推荐提倡集中安置方式。集中安置和所有分散安置均可自建或由政府代建，楼房以政府出面招标选择施工单位，签订协议，保证质量，全部免费服务。将搬迁户应享有的优惠政策及时准确落实到位。

（2）集中安置方案与地方人大通过的规划方案相衔接。高邮市各乡（镇）已通过有资质的规划设计部门论证，对本地区的集镇建设规划进行了中长期规划设计，均已经地方人民代表大会通过，具有较强的科学性和可操作性，将安置工作与其有机结合，小区的安置不低于规划要求，预测形势的发展和城镇居民日益丰富的物质文化生活的需求，做到15年不落后。

（3）维持已公布的集中安置小区选址不变。安置小区的位置关系到各家各户的日常生活、入学、工作是否方便，生活环境是否优越，是搬迁户关注的焦点。通过采取各项有力措施，解决当地农民的思想问题。

（4）重视生活生产条件恢复。加强集中安置小区道路、厕所、雨污下水、活动场所等配套工程建设，采取行政和工程措施相结合的办法，确保生活设施及时复建到位，方便群众的日常生活，保证安居乐业。

（5）重视沿线文物保护。对五户列为文物保护单位的明清建筑做好保护和恢复。

2. 科学规划

通过座谈、认真调研，并聘请专家现场指导，将集中安置区规划紧密结合地方经济发展计划，按照有利于招商引资、资源开发、环境保护和治理的目标，遵循城市和村镇相关的法律规定，符合建设部门提出的各项规范要求做好实施规划。选定的安置地址位置适中，交通方便，地面高程适中，土地基本平整，留有发展余地。使安置小区具体布局有利于生产、方便生活和节约用地，供水、供电、交通、文化、教育、卫生等设施达到当地中等以上的条件，经济配置合理；使搬迁户的生产生活达到或超过原来的生活水平，并能可持续发展，为快步奔小康奠定基础。

3. 精心组织实施

经深层次宣传发动，精心策划方案，多次调整完善、几番上墙公示，相关部门沟通协商，根据各拆迁安置户的现实情况和具体要求，全市安置方案确定为：设立安置区（点）共 15 个，其中集中安置小区 8 个。共安置居民 640 户 1906 人，其中集中安置 492 户（占 76%），分散安置 32 户（占 5%），货币安置 125 户（占 19%），完全达到安置工作以统为主、统分结合、自由民主的原则。通过精心实施，全面落实解决大家所关心的重点、难点问题。

（1）解决不同质量房屋的补偿标准问题。高邮市人民政府出台文件，将房屋分成三个等级，各等级差价 20 元/m²，由政府出资，从外地聘用评估人员现场评估确定等级，公开唱票，按评估后等级对照标准进行补偿公示，兑付资金。

（2）落实优惠政策。市领导与各镇党委、政府主要负责人上下联动，与相关行政机构多次协调沟通，形成共识。生活设施如电话、有线电视、宽带网络、电力线路等，各行业部门收费标准不得超过拆迁补偿标准；搬迁户在集中安置区内兴建房屋，按经济适用房政策免收城市配套费、相关税费和一切行政性收费；配套设施主线路、主管道、主道路由镇政府统一安排资金组织实施，费用不纳入建房成本，由各单位负责接通到户；承建施工单位回收集中安置户拆除旧房材料的回购处理，由相关单位现场估价，抵扣建房款项。

（3）改善小区用地。因在集中安置小区建设楼房节约的土地用于本小区内道路扩宽，增大阳光比例和休闲场所建设。三垛镇三阳河小区用近 5 亩地在中心位置建设休闲健身广场；司徒镇自筹资金近 200 万元，在集中安置小区邻近位置兴建农民乐园；临泽镇动用镇级财政资金将通向安置小区的主干道全部提前贯通，并迁走了附近一小型化工厂，接通了自来水管道，从而充分调动了搬迁户进小区安置的积极性，形成良好氛围。由于集中安置区地势优越、环境优雅，集中安置区的移民从初步规划的 386 户增加到 492 户，增加幅度近 27%。

（4）建设形式多样。小型安置区以平房为主，较大的安置小区力求形式多样。在统一规划、统一图纸、统一放样、统一式样、统一用地标准的前提下，搬迁户可根据各自经济和生活习惯自主选择，建设方式可选自建、政府代建、直接委托施工单位代建等，以确保美观、舒适。

（5）解决弱势群体实际困难。对五保户采取包拆、包建、包过渡、包搬迁的四包政策；对特殊的困难户采取政府帮助、社会帮助、亲属帮助、所在单位帮助的四帮原则，对四帮之后仍有困难的极少数贫困户，政府安排部分低息长期贷款给予解决，并努力解决特困群体就业问题，谨防因拆致贫，以解决后顾之忧；对过渡期住房确有困难的拆迁户，由政府统一安排，各有关企事业单位分户包干，时间不超过半年，保证正常生活；此外，镇办事处还多方筹集资金，对特别困难的动迁户给予一次性的经费补助，确保了整个工程沿线搬迁户家家有田耕、户户有房住。

（6）狠抓安全生产。安置房建设期间，15 个居民安置小区（点）都安排有专职安全员，市、镇两级建设办事机构成立安全工作巡查组，定期不定期地对各个工地安全施工进行巡查，现场调解施工矛盾，发现不安全因素，安全员不得离开现场，直到不安全的现象彻底排除。如有高危险情存在，须立即向上级报告，对现场出现的矛盾和险情，要求不回避、不推诿、不上交、不过夜。工程沿线 15 个安置小区（点）在施工期间未发生任何安全事故，促进了小区施工进度，加快了搬迁户入住速度，受到了大家一致好评。

（7）公平、公正、公开分配建房位置和具体住宅。分配前，各小区先将安置地建房地块和楼房幢号、楼层、房室全部编号，召开全体入住搬迁户会议，并有镇、村（社区）负责人和公证人员在场，当场进行摇号或抓阄，不得弄虚作假、营私舞弊。对于自愿调剂者，不支持、不反对、不协调，经双方提出书面申请并公证后，方可办理准建或入户手续。

（8）做好文物的保护和恢复。由文化部门确定拆除方案，明确需要保留恢复的古建筑材料数量和种类，拆除时委派专业人员现场指导，确保完好，并动用拆迁预备费将其收购，妥善保管；由文化部门制定恢复方案，选择恢复地址和规模。并在市级旅游景点净土寺内，将原有的古建材料集中恢复于一室，保持了原有的风貌，得到了上级文化部门的赞许。

三阳河工程的征迁安置工作，各级组织在认真统一思想的前提下，根据面临的客观情况和多项错综复杂的矛盾，及时采取针对性措施，创新和实施集中安置的政策，有效地消除了拆迁安置的多方矛盾，移民的居住水平得到大幅度改善和提高。

三、思考与启示

高邮市在南水北调三阳河工程拆迁工作中，对搬迁户采用集中安置的方式，不仅受到了当地群众的赞成和拥护，而且多次得到上级政府和相关部门领导的表扬。扬州市纪委效能监察领导小组，2004 年组织对三潼宝工程建设移民安置检查后认为：高邮市的征地拆迁安置工作真正做到了政府重视、政策透明、措施有力、服务周到、监督有效、拆迁户满意。事实也充分证明工程实施集中安置的优越性。工作实践中，只要认真执行党的政策，一切从人民群众利益出发，大公无私、勇于奋斗、敢于担当、大胆改革、不断创新，积极为南水北调的宏伟蓝图争做贡献，就一定能使工程建设取得优异成绩，让党和政府放心，让人民群众满意。

东湖水库工程济南市章丘区农村生产安置模式研究（山东省）

山东省济南市章丘区水务局

胡安强

一、背景与问题

东湖水库工程是南水北调东线第一期工程济南至引黄济青段设计单元工程之一，主要为调蓄干线引江水量，解决干线输水与支线取水之间时空分配矛盾，提高干线输水保证度。该工程为新建围坝型平原水库，位于山东省历城区和章丘区交界处，距济南市区约30km。

东湖水库工程共永久征地8075.08亩。涉及章丘区6090.68亩，其中耕地5810.2亩；白云湖镇、高官寨镇2个乡（镇），齐家、李家码头、黄家塘、高家、相公庄、梨珩村6个行政村，影响人口8825人。征地前各村人均耕地为0.94~2.44亩，征地后各村人均耕地为0.69~1.58亩，有4个村占地超过原有土地的40%，对被征地村组村民生产生活可持续发展影响较大。

受耕地一次性大面积减少的影响，被征地村组会一次性产生许多新的剩余劳动力。经调研，在当地农业生产机械化程度、生产规模和农业生产基础设施等现有条件下，其劳均耕地面积为3.8亩。据此测算，征占5810.2亩耕地后，将一次性新增剩余劳动力1529人。突增的剩余劳动力转移将对当地社会经济的稳定和发展造成较大影响。

二、主要做法

1. 采集基础数据，理性分析各项指标

数据采集是定量分析的基础，为了切实把握征地村实际情况，结合章丘区2009年的统计资料，对六个村的农业人口数量、现有耕地面积、现人均耕地面积、亩均产量、年人均纯收入、收入构成、劳动力数量以及所掌握技能、文化程度、劳均耕地面积等数据情况进行实地调查、采集。

同时，经实地调查还发现，东湖水库工程本次所征占章丘区土地位于小清河以南，黄家塘村、李家码头村、高家村以北，四干排水沟以东，章历区边界以西范围内，连片集中，征占面积大（共征占章丘区6090.68亩土地）。各村土地实施土地联产承包分配土地时，以生产小组为单位，分片划分后再承包到户，村民所有的土地相对集中。受此影响，在本轮土地承包期内（截至2026年），被征地村部分村民的耕地面积大幅度减少，且有部分村民完全丧失了耕地。以白云湖镇李家码头村为例，东湖水库工程征地后，被征地村民人均耕地低于0.3亩的有94户，其中完全丧失耕地的有45户。

分析以上调查结果可以看出以下特征：

（1）征迁对各村村民生产生活影响程度不一。梨珩、相公庄两村土地资源相对较多，农业产出是其主要的经济来源，占到村民纯收入的75％以上；齐家、李家码头、黄家塘和高家四村土地资源相对较少，农业产出所占村民纯收入的比重较小，都在40％以下，其中齐家村最少仅占11％，而渔业和其他收入所占比重大，渔业生产所需的土地不在本次征占范围内，本次征地对梨珩、相公庄两村的影响比齐家、李家码头、黄家塘、高家四村影响大。

（2）劳动力整体素质较低，突增劳动力数量大，劳动力转移难度大。6个村的劳动力呈现文化水平低，生产技能单一等特点。按照当地劳均耕地面积计算，本次征占5810.2亩耕地后，将一次性新增劳动力1529人。受劳动力素质限制，劳动力转移难度大。

（3）征地范围集中连片，对部分村民生产生活影响大。受征地范围非常集中影响，征地范围内部分村民在本轮承包合同期内成为失地农民，不利于其生产生活的可持续发展，对当地社会经济的发展造成较大影响。

2. 充分尊重民意，严守政策底线，选定最佳安置方式

被征地农民生产安置方式从安置后所从事产业划分，分为农业安置、非农业安置、农业和非农业相结合安置；按照迁移距离可分为就近后靠安置、异地近迁安置和异地远迁安置。

为了确定最佳安置方式，以严守政策底线为前提，以调查的情况为基础，到被征地村进行实地调研，与被征地镇、村以及村民代表进行座谈，充分了听取各方意见。座谈时发现，因6个村的村民世代居住于此，对当地的生活、生产环境熟悉，各种社会关系稳定、牢固，都不同意外迁安置，对外迁安置方式极度排斥。加之，6个村所处是以农业生产为主的乡（镇），都倾向于农业安置，在本村内进行土地调整，确保原有社会关系的稳定。基于以上意愿对6个

村土地环境容量进行了分析。由分析可知，梨珩、相公庄两村，虽然其农业生产在收入结构中所占比重较大，但其征地后人均耕地均超过1亩，能满足其今后生产、生活需求。李家码头、黄家塘、高家、齐家4个村征地后人均耕地为0.69～0.79亩，但四个村的农业生产所占收入比重较小，人均耕地面积能满足其生产、生活的基本需求。由此可见，村内调整土地安置可行。在初步确定安置方式后，6个村依据相关法律法规，多次召开了村民大会或村民代表大会，最终以会议决议的形式确定：根据农时，本村村内对土地进行重新调整，土地补偿款按照村民大会或村民代表会制定并通过的分配方案进行分配的安置方案。

在此基础上，章丘区人民政府在针对其生产基础设施差、劳动力整体素质低等情况对安置方案进行了完善，最终确定：以农业安置为主，村内调整土地安置，以货币补偿为辅；实施培训提高劳动力素质，同时促进劳动力转移；加大政策倾斜力度，配合后期扶持政策，提升征地村生活、生产基础设施的安置方案。以此，确保实现"减地不减收，生活水平不降低，以及生产、生活可持续发展"的安置目标。据此编制安置方案，作为安置依据。

3. 严控三个方面，确保安置方案平稳落地

（1）严控土地补偿款兑付、土地重新分配程序，确保整个过程"公开、透明、公正"。资金兑付、土地分配前，标准政策讲透、讲明，账面算清、算细，让受偿人人人明白；资金兑付、土地分配过程中，公开办公、统一办理，严格公示制度，杜绝"暗箱操作"，一切置于阳光下。

（2）严密组织培训，采取动态管理，狠抓实效，杜绝流于形式。培训事关被征地农民整体素质的提高，是确保征地村经济社会可持续发展的重要支撑，也是突增劳动力顺利转移的有力保障。为了切实做好培训工作，章丘区人民政府委托有资质、培训经验丰富、业内口碑好，且无盈利目的的章丘区农业广播学校具体负责。同时，根据实际需求结合所在乡（镇）发展规划，制订了学历培训、使用技术培训等为主要内容的四年培训计划，使整个培训工作做到条理清晰、有的放矢。章丘区南水北调工程指挥部作为监督单位，对整个培训过程进行监督，并积极回访被培训对象，了解培训效果。根据反馈的情况，及时会同培训机构调整培训内容，真正做到"以需定学"，确保培训效果，提高劳动力整体素质，推动新增劳动力转移。

（3）加大协调力度，整合相关政策，切实推进征地村生产生活基础设施提升。基础设施建设与生产、生活水平的提高和可持续发展密切相关。为此，章丘区人民政府，切实落实"县为基础"的安置管理体制，章丘区南水北调工程

指挥部作为具体实施者，认真研究各项涉农政策，结合 6 个村的实际需求，将政策打包，制订翔实的实施计划，积极协调、督促各单位，切实保障 6 个村的生产、生活基础设施的提升计划落到实处。

4．实施效果

章丘区东湖水库征地农村安置工作，自 2010 年 1 月正式实施，安置方式实施效果良好，主要表现为以下几点：

（1）村民情绪稳定，生产、生活水平未出现明显波动。土地是农民最基本的生产生活资料，"以农业安置为主，村内调整土地安置，货币补偿为辅"的安置方式，使农民拥有了基本的生产资料，解决了其后顾之忧。土地调整后，受人均耕地面积大幅减少的影响，最初三年内农民整体收入降低，"货币补偿"辅助措施的实施，对此形成了有力对冲，弥补了农民收入的降低，而且给农民扩大再生产和改善生活提供了资金支撑，避免了农民生活水平在短期内出现"断崖式"下降的情况的发生。同时，因村内土地调整，延续了其原有的生产、生活习惯，避免了因适应新习惯而出现的各种不可预测的情况。土地调整完成后至今，农民生产生活水平未出现明显波动，农民情绪稳定。

（2）培训提升了被征地农民的整体素质，推动了突增剩余劳动力的顺利转移，同时为征地村生产、生活可持续发展提供了有力的智力支持。经过四年的培训，被征地农民中新增大、中专学历毕业生 150 人，占新增劳动力人口的 9.8%，职业农民 300 人，完成短期技术培训 1600 人次。技术培训，提升了农民原有种植、养殖的科技含量，为其引进高附加值的农产品调整提供了技术支持，现在村民已经引进了如金银花、绿化树苗等；同时，促进了先进的生产技术运用到实际生产中，如有机瓜果、蔬菜种植、有机鱼类养殖等技术已经逐步推开，并取得了很好的效果，有效地提高了收入。

（3）生产、生活基础设施的提升，为征地村生产、生活可持续发展提供有力的物质支持。几年来，章丘区打包各项惠农政策，对征地村加大政策倾斜力度，先后实施了高标准农田建设，田间道路整治等项目，使 6 个村的生产基础设施得到了全面提升，极大地改善了 6 个村的生产环境。同时，对 6 个村的村内道路、吃水管网、文化广场等有计划进行了建设，极大地改善了村民的生活环境。村民普遍反映，生产生活环境的改善是看得见、摸得着的。

三、思考与启示

农村被征地农民生产安置成败的关键是生产安置方式的选择和落实。一个符合实际、切实可行，且得到广泛认可的生产安置方式是生产安置成功实施的保障。要选定一个切实可行的安置方案，就必须严守政策底线，全面认真调研，广泛听取各方意见，认真务实分析。当安置方案确定后，落实就成了关键，只有将各项程序都放在阳光下，才能确保方案落实过程公平、公正，才能确保方案真正落地。

由东湖水库章丘区被征地农民生产安置中还可以看出，在农业安置模式中，"货币补偿"作为辅助方式，对避免被征地农民生活水平出现"断崖式"下降有很大作用。针对性培训，对因耕地减少突增的劳动力转移，以及被征地农民生产生活的可持续发展有极大的促进作用。

多元化生产资料获取的生产安置模式
（山东省）

山东省水利勘测设计院

王建伟　周明军　李亚慧　商晓乾　刘淑珍

一、背景与问题

在水利水电工程移民安置规划设计工作中，生产、生活安置是移民安置的核心，生产安置规划直接关系到水利水电工程建成后移民生产生活的恢复和移民今后的发展问题。

南水北调山东段工程包括水库工程、河道工程、泵站工程、灌区工程、蓄水工程等。工程影响区域多，且各影响区人均耕地和经济发展水平差异明显。

南水北调山东段工程移民生产安置的特点及难点主要如下：

（1）工程影响区具有线性分布特征。水库工程影响区域面积较大，相连成片，局部影响程度深，涉及的行政区域不多；而渠道工程移民影响区一般为线状分布，局部影响面积相对较小，但由于线路长，涉及的行政区较多。

（2）沿线移民分布不均匀。由于沿线工程布置要求征地数量不同以及沿线土地人均占有量不同，导致沿线生产安置的移民数量分布不均匀。

（3）工程影响区内人口密度大，土地利用率高。南水北调渠道工程在平原地区，影响区内人口稠密，征地对当地的经济影响也比较大。

（4）渠道工程影响区社会经济发展水平和人民生活水平一般要高于水库工程影响区，而且经济社会水平差别较大。水库移民受自然条件的限制，收入来源单一，收入普遍较低，涉及的行政区域较少，经济社会发展水平差别不大；南水北调渠道工程影响区内社会经济发展水平相对较高，个体财产损失较多，由于线路长，涉及的行政区域多，经济社会发展水平差别较大，如聊城和济南的社会经济发展水平相差就比较大。

（5）社会关系影响程度不一。水库淹没局部影响大，移民要远离原居住地重新安置，生产关系和社会关系破坏较大；渠道工程呈线性分布，搬迁和生产安置基本上采取就地后靠，或者出村近距离迁移，生存的群体关系、社区没有大的破坏，社会关系、地域条件、居住环境、文化特点以及搬迁后情感和心理上基本没有产生差异。

（6）城乡接合部生产安置难度大。南水北调功能之一就是向城市供水，渠道工程在城乡接合部的生产安置是一个难题。城乡接合部人多地少，土地利用率和产出较高，而且渠道工程在城乡接合部一般要建设控制性枢纽，局部征地较多，引起的移民数量也较多；城乡接合部土地数量少，调整困难，移民又不愿意迁出，农业安置困难，非农安置不稳定因素很多，风险太大，容易产生社会问题；城乡接合部各种性质的征地频繁，补偿标准相差很大，尤其是城市商业用地征地的补偿标准很高，利益最大化容易导致移民要求的补偿和安置标准较高，处理不当则会引起不满，导致安置困难，甚至阻碍工程实施进度。

二、主要做法

在编制移民安置实施规划时，考虑利用剩余土地资源的同时，结合每个城市的经济特点和受影响村的经济发展特点，寻求合适的移民安置方式和途径。

1. 两湖段工程生产安置

方式：原则上以大农业为基础，实行有土安置。

两湖段工程输水线路总长 21.28km。工程占地影响范围主要涉及济宁市梁山县馆驿、小安山、徐集和泰安市东平县商老庄，共计 2 个县、4 个乡（镇），共影响 24 个行政村，共计 27586 人。为充分体现"以人为本"的思想，多途径、多渠道探索移民安置方式，在柳长河输水河道工程涉及的东平县生产安置规划中，规划组根据影响区实际情况，广泛征求当地政府和移民的意见，因地制宜、实事求是，生产安置重点考虑改造中低产田和产业结构调整，发展家庭畜禽养殖业、水产养殖业，取得了良好的效果，为寻求多种安置途径开拓了思路。主要有如下方面：

（1）改造中低产田。采用"上粮下渔"的方式进行改造，台面一般高出原地面 1.2m，适合作物生长，坑塘挖深 2～3m，水深 1.5～2m，满足养鱼要求。每亩可改造成 0.57 亩耕地、0.28 亩鱼塘，剩余的 0.15 亩为沟渠及田间道路。

（2）调整种植结构。结合当地农业种植生产特点，进行种植结构调整，发展优质、高效农业，走区域化、规模化和优质化的路子，推进农业产业化进程，全面提高农业综合开发能力和产出水平。产业结构调整项目包括种藕和植桑养蚕等。

（3）扶持畜禽养殖业。当地以种植业为主，饲草、饲料资源丰富，发展畜禽养殖业前景广阔，移民劳动力充足，并有丰富的养殖经验，特别是该区东平县商老庄乡被国家确定为鲁西黄牛和小尾寒羊优良品种繁育基地，市场已形成，为畜禽养殖业的发展奠定了良好的基础。畜禽养殖业类别品种主要有牛、羊、猪、鸡、鸭、鹅以及兔、貂、狐、鸽等。家庭养殖扶持是为了解决耕地少或劳动力缺乏的农户，帮助其发展养殖业，主要扶持建设养殖基础设施和引进优良品种；为推广新技术、新品种，提高养殖水平，规划建设畜禽良种繁育场1处，投资200万元。

（4）推广水产养殖业。水产养殖业重点发展坑塘养殖项目。中低产田采用"上粮下渔"的方式进行改造后，规划发展名、优、特水产品养殖项目，规划建设水产苗种繁育场1处，推广水产养殖新技术，发展名、优、特水产品养殖。

（5）规划移民科技培训。采取多种形式，大力发展移民专业技术和技能的培训，规划移民科技培训10期，投资50万元。项目实施后，使移民的科技文化素质进一步提高，为当地的科技、经济发展培养人才。

对移民实行有土安置，移民能够凭借对土地的占有和经营，获得财产性收入和经营性收入；同时移民将自身劳动力作为一种生产要素与土地相结合，可获得工资性收入。这种有土安置方式对移民生活影响小，保险系数高，对于经济发展水平较低人均耕地较多的地区可采取此安置方式。

2. 济南市区段工程生产安置

方式：城乡接合部生产安置模式多样化创新。

济南市区段工程横穿济南市区，工程占地由于呈带状分布，不涉及整村安置，工程影响区都位于城乡接合部，工程影响区村民基本不依靠农业收入，村庄多以厂房和批发大市场为主，影响范围内村庄所剩余农地较少，人地矛盾突出，以农安置困难。根据影响区实际情况，采取村内调整土地和社会保险相结合的多元化生产安置方式，即土地补偿资金由全体村民共享，剩余土地进行调整，集体发展投资项目，拓展就业，部分人以社会保险方式安置。

（1）工程影响占地情况分析。

槐荫区段店镇宋家桥、位里和常旗屯本来耕地就少，如常旗屯村人均耕地只有0.14亩，本次工程征地影响程度较大，通过土地整理和调整也很难安置失地农民，并且由于故土情结等原因，这几个村即使土地环境容量不足，村民也不愿意选择外迁农业安置，给农村生产安置规划工作带来了困难，需要多方征求意见，探索更加科学合理的安置方式。

（2）征地影响村征地前收入结构分析。槐荫区段店镇位里、油牌赵、睦里、宋家桥、常旗屯村，吴家堡镇董家庄村、中店铺等7个征地影响村农民的年人均纯收入中，农业收入占据比例较少不到 20%，而第二、第三产业收入占据总收入的 80% 以上，尤其是第三产业收入占据比例远在 50% 以上，可见南水北调济南市区段工程影响村庄村民收入来源主要是第二、第三产业，对土地的依赖较小，所以对该影响区村民不进行有土安置是可行的。

（3）因地制宜，确定村内调整土地与社会保险有机结合的多元化生产安置方式。通过调查和协商，段店镇的睦里庄、油牌赵村和彭家庄村，吴家堡镇的董家庄村和中店铺村可以通过调整土地进行安置，通过村内土地整理和种植业结构调整来提高土地数量和产值，从而提高农民的收入。调查时村干部反映村内还有尚未承包到户的集体土地，现在承包给外村人，只要补偿标准合理，这些土地也可以进行调整安置移民。

另外，对于不能以农安置的村，经和村民委员会协商，根据《济南市统一征用土地暂行办法》第十八条规定，对被安置人可以采取社会保险加调整土地形式进行安置。社会保险安置方式是对安置人员缴纳一定的社会保险资金，按月给就保人员发放生活费。具体被安置人根据征地确定的安置人员数量和被安置人的年龄构成确定，被安置人经农村集体经济组织民主评议产生，报乡（镇）、办事处批准后确定。

通过分析征地影响村征地前收入结构情况，征求移民意见，对被安置人采取社会保险加调整土地形式进行安置，这种土地调整与社会保险安置有机结合的多元化安置方式能够妥善解决城乡接合部农村现有耕地少、以农安置困难的问题，适用于经济发展水平高、耕地少、非农就业机会多的地区。

三、实施效果

1. 两湖段工程移民生产安置方式

根据测算，中低产田改造可使耕地亩产值增加 500 多元；产业结构调整使每亩耕地增产 400 多元；畜禽养殖业，按养殖户 72 户，建设畜禽良种养殖场 1 处，项目实施后，年产值可达 43.2 万元，实现利润 21.6 万元，受益群众近 300 人，人均利润可达 720 元；科技推广规划项目实施后，使移民的科技文化素质进一步提高，为当地的科技、经济发展培养人才。安置规划项目实施后，年人均纯收入达到 3160 元，生活水平不低于原有生活水平，极大地促进当地区域经济和社会各项事业的发展，确保工程顺利施工和移民安居乐业。

2. 济南市区段工程移民安置方式

工程影响区交通发达，紧靠济南，有良好的第二、第三产业就业条件，对于受影响村民，由于附近劳动力市场需求很充分。并且通过和济南市农业、劳动和社会保障等部门充分沟通，同意定期向失去耕地的村民、特别是对征地直接影响的劳动力，提供非农产业的免费技能培训，包括电脑、缝纫、办公自动化等实用性强的工种，并对自愿外出打工者提供信息帮助，因此受影响村民很容易通过劳动等部门的培训和提供的就业岗位信息就可以找到工作，并且月收入平均水平在 1200 元左右，就业后，收入和生活水平将会有所提高。此外对于符合年龄的移民缴纳一定的社会保险资金，提供一定的生活费，为这部分移民生活提供了基本的保障。

实践证明，通过移民安置方式的多元化，有土安置和无土安置多种安置方式组合，移民亦工亦农，稳定性和保障性更强，为南水北调涉及的多种征地情况提供了很好的解决方案，同时也为其他河道治理和水库工程提供了思路。

四、思考与启示

南水北调工程移民问题涉及政治、经济、社会、环境和工程技术等多领域多学科，是一项庞大复杂的系统工程。由于南水北调中、东线工程线路长、涉及面广，社会经济发展不平衡。因此南水北调工程移民安置应采取依法化、多元化模式。

根据不同群体的基础、能力和他们的需求，实施不同的移民安置模式，是促进移民发展和防止移民贫困风险的重要方法。在移民安置过程中，应当充分发扬民主，赋予移民参与权和选择权。通过移民的参与，广开思路、倾听各方意见，并采取相应的措施，从而确立科学的移民安置模式。

（1）确立移民是安置模式选择的主体。移民活动是在一定的空间地理环境中进行的，移民安置的成败往往取决于移民安置模式的选择。只有确立移民是安置模式选择的主体，才能确保移民利益，调动移民的积极性。

（2）以环境容量逐级动态分析为基础。移民安置区环境容量分析可以根据规划年生产安置人口和安置区容量值进行计算对比分析。安置区容量值根据安置规划拟定的安置标准和资源的数量与质量确定。在确定安置区容量值时，应为当地经济社会的可持续发展留有余地。

环境容量分析的范围按照本村、本镇和本县的顺序，由近到远，优先选择受影响的村，当本村内资源不足以安置全部移民时，扩大到本镇、本县范围内。同时以现状年和规划年两个时间动态分析。

（3）因地制宜，确立多元化的生产安置模式。随着我国社会主义市场经济的逐步完善，移民不断增强的市场意识也使过去单纯以农业为主要收入来源的方式发生了质的变化。因此，安置方式也要适时调整，以适应新环境，在采取有土安置为主的地区，要尽量依托城（集）镇安置，城（集）镇化是我国社会发展的大趋势，在进行安置时，需要充分注意到工业化和城（集）镇化的发展情况，将新居民点集中建设于现有城（集）镇或以新居民点为中心建镇。建设规划起步要早、起点要高，规划应按城镇规划指标控制。这样，将新居民点设计的发展和城（集）镇的发展结合起来，并充分融入城（集）镇的环境建设，一方面可以更快地使农民转向市民，另一方面也争取了更多空间上的资源，为今后的发展提供了比较好的条件。

山东干线工程农村搬迁安置模式探讨
（山东省）

山东省水利勘测设计院

李莉　周明军　陈云霞　李瑞　王建伟

一、背景与问题

南水北调工程东线一期山东段干线工程 15 个单元工程包括 7 条河道工程、2 个泵站工程、3 个水库工程、2 个灌溉影响处理工程、1 个湖内疏浚工程，工程涉及 8 市、26 县（市、区），拆迁 1941 户 6089 人，搬迁安置规划既要符合规范、标准要求，又要尊重群众的意愿，并与新农村建设有机结合，难度较大。

搬迁安置直接关系搬迁户切身利益，影响到群众满意程度，是工程建设的重要组成部分，做好安置点的规划设计工作，可以让搬迁户得到妥善安置，为今后发展提供良好的生产生活环境。

二、主要做法

（一）自愿与协商结合的搬迁安置模式

搬迁安置时以科学合理的规划理念作指导，按照有利生产、方便生活的原则，科学合理地制定技术标准，根据不同自然地理条件要求，因地制宜、合理布局，统筹安排各类基础设施及公共设施，充分发挥补偿资金效益，方便生产生活，尊重地方政府和群众的意愿，不断丰富完善规划设计成果。

在居民点选址时，设计单位与地方政府共同研究，居民点规划方案形成过程中广泛征求搬迁户意愿，住房房型由搬迁户在多方案中自主选择。由于地方政府、搬迁户全程参与，规划设计成果充分听取并体现了搬迁户意愿，搬迁户满意度较高，达到了"搬得出，稳得住，逐步能致富"的安置目标。

结合实际拓宽安置思路，生活安置规划与新农村建设有机结合，考虑区域发展条件，在社区规划布局建设标准、基础设施和公益设施配套等方面充分体现规划的前瞻性，在居民点选址、道路规划、给排水规划和电力、电信系统规

62

划方面提出了合理的方案和措施。

（二）安置点规划设计

以南水北调东线第一期工程济南至引黄济青明渠段输水工程章丘区搬迁户安置方案为例，说明自愿与协商结合的搬迁安置模式的应用。

1. 搬迁安置原则

坚持"以人为本""科学发展"指导思想，充分征求安置户及其所在村、镇意见，结合当地城镇建设规划，以改善被搬迁村面貌和提高居民生活条件为出发点，以实现城乡一体化、经济效益与生态效益相统一为目标，因地制宜，从全局出发，综合考虑统筹安排。

（1）按照初设批复，集中安置宅基地规划标准0.6亩/户，分散安置宅基地规划标准0.3亩/户。

（2）依据《山东省村庄建设规划编制技术导则》，与当地农村城镇建设规划结合。

（3）位置适中，便利生产。居民点的位置应尽可能地选择在所经营土地的中心，靠近电源、水源。同时还要注意污水、雨水的排放和去向。

（4）居民点应与主要农用耕地以及县、乡、村之间交通联系方便，有利于组织生产生活。

（5）居民点的布置应结合自然地形条件，尽量减少土地平整的土方量，以节约投资。建设区应有适当的坡度，以利于雨水的排放。

（6）居民点用地，应有足够的面积容纳居民和农工副业生产发展的需要，且给以后扩建和发展留有适当余地。

2. 集中安置模式——以王家村为例

经调查，王家村全村104户、285人均需搬迁安置，按照0.6亩/户的宅基地规划标准，安置用地62.4亩。

（1）安置区选择。在征求全体村民意见的基础上，根据安置规划原则结合城镇规划，将安置区选择在小清河左侧、庞家村西、安置区东西244.63m，南北170.05m，面积41599.33m²（合62.40亩）。安置区北侧有司十路通过，高官寨镇水厂主管道行经附近，此处交通便利、水源充沛，适宜建房居住。

（2）居民宅基地布置规划。王家村需安置居民104户，在广泛征求搬迁户意见基础上，确定宅基地按照楼房与平房两种方式布置，楼房16户，平房88户，规划面积62.4亩。由于王家村是整体搬迁，考虑在东西大街的南侧布置村委、卫生室等配套服务设施及娱乐场地、集中绿地。

（3）道路规划。依据《山东省村庄建设规划编制技术导则》规定，结合王家村条件，进行安置区道路规划。安置区道路按网状格局布置，规划南北大街1条，北接司十路。东西大街1条，次要道路5条。

（4）给水系统规划。安置区用水水源为高官寨镇水厂，由高官寨水厂主管道接入，沿司十路北侧进入安置区，铺设管道1200m。安置区内供水系统按树状管网模式设计，在考虑安置区人口增长及今后发展的基础上，确定一级管路直径为90mm；二级管路直径为75mm；末级管路直径为32mm。共安装LXS旋翼式水表119块。确保安置区内户户都用上洁净、安全的自来水。

（5）排水系统规划。排水系统按雨污分流方式设计。雨水排水采用道路排水与地下管道输水相结合的排水方式排放。雨水先由住户排入南北向道路，再由南北道路路面汇流至东西向大街主干道北侧的雨水井后进入雨水管，向西排入排水沟。污水排放采用地下管道排放方式，管网布置按树状模式布置，布设于道路两侧。污水从住户支管排入道路下的次管道，再汇入主管道，最后排入北面排水沟。

（6）电力系统规划。安置区用电从安置区北侧10kV高压电网接入。在安置区东北司十路路南新建变电室1处，内设100kVA变压器1台，安置区内架设低压线路1396m，埋设高12m线杆24根，安装路灯42盏，确保小区夜间达到亮化标准。

（7）电信系统规划。安置区电信线路自附近电信网络接入，随电力线并行布置，电信主线网共架设线路1396m，确保电话普及率达100％，宽带入户率达50％。

（8）绿化规划。安置区绿化带布置在道路两侧，主路绿化带宽2m，次路绿化带宽1.5m，绿化树每6m一棵。

（9）拆迁后对基础设施的影响。王家村与庞家村村民交错居住，其道路、供排水及电力等公共基础设施两村共用，王家村整村搬迁后使以上系统受到破坏，影响了庞家村村民的正常生活，庞家村村民对此反映强烈。按照恢复被破坏的基础设施的功能，将村民生活影响降到最低的要求。组织乡（镇）、村、监理进行实地调查，确定影响的数量，提出复建方案并组织实施。

3. 分散安置模式——以梨珩村为例

梨珩村全村484户1807人，经调查，需搬迁安置3户14人，按照0.3亩/户的宅基地规划标准，安置用地0.9亩。

（1）安置区选择。在征求搬迁户意见的基础上，根据安置规划原则结合本村实际情况，将安置区选择在村西南侧与母村相连，占地0.9亩。安置区水、电、路等由梨珩村内接入。

（2）居民宅基及道路布置规划。新建道路 1 条与母村连接，路宽 8m、长 50m。

（3）供、排水系统。安置区用水由村内接入，需铺设管径 400mm 的给水管 1500m。排水为自然排水方式排放。

（4）电力、电信系统规划。安置区电力、电信由母村接入，需架设电力低压线路 80m，埋设高 12m 的线杆 3 根。电信随电力线路架设，需架设线路 80m。

（5）拆迁后对原村基础设施的影响。被安置户房屋及其附属设施拆迁完成后，破坏了母村原有道路、供排水及电力等基础设施系统，影响了剩余村民的正常生活，恢复被破坏的基础设施的功能，将村民生活影响降到最低的要求。组织乡（镇）、村、监理进行实地调查，确定影响的数量，提出复建方案并组织实施。

三、思考与启示

设计单位、地方政府及搬迁户共同参与搬迁安置方案，充分征求搬迁户意愿，在此基础上研究确定自愿与协商结合的搬迁安置模式。搬迁户在多方案中自主选择，全程参与，满意度高，实施效果显著。

阳谷县七级镇集中搬迁安置研究（山东省）

山东省阳谷县南水北调工程建设管理服务中心

王振山　王广发

一、背景与问题

南水北调工程穿过京杭运河古镇阳谷县七级镇，需搬迁 152 户、589 人。搬迁安置直接关系到搬迁户切身利益，是工程建设的重要组成部分，做好安置点的规划设计工作，让搬迁户得到妥善安置，是阳谷县搬迁安置工作的一个难点。

二、主要做法

（一）科学筹划，和谐拆迁

1. 科学运作，坚持好"三个同步"

阳谷县南水北调施工指挥部坚持从大局出发，把做好南水北调工程征地拆迁工作作为一项重要的政治任务来抓，全面筹划，精心运作，全力以赴打好攻坚战。

（1）坚持组织领导与方案制定同步。阳谷县成立了七级镇南水北调工程移民安置指挥部，由主要负责同志任总指挥，全面负责搬迁的组织、协调和监督等工作。指挥部下设搬迁服务、验收等功能小组，具体负责房屋拆迁、资金兑付等工作。为确保和谐顺利搬迁，安排包村干部深入调研、摸清情况，并多次召开会议，反复研究拆迁安置文件，确保每位工作人员对相关拆迁安置文件精神理解吃透，对每个搬迁户的思想动态了如指掌。

（2）坚持宣传政策与思想动员同步。把强化政策宣传、做好群众思想工作作为一项重要基础性工作来抓，将征地拆迁各个阶段、各个环节的有关政策制成明白纸发放到户、到人，使群众认识到国家南水北调搬迁是一项利国利民的大好事。同时抽调 21 名干部成立了 3 个驻村工作组，进村入户，围绕补偿标准、安置方式等重点政策条款，逐项逐条进行宣讲解释，随时解答群众提出的问题，切实做到了边宣传政策、边解疑释惑、边疏导思想。由于宣传政策与思想动员同步推进，搬迁工作开展平稳有序，效果明显。

（3）坚持搬迁与安置建设同步。按照安置方案，搬迁户需回迁安置。在抓好房屋拆迁的同时，坚持科学谋划、提前入手，做好安置区的规划设计。并根据七级镇为运河古镇的现实情况，专门邀请了知名古建筑设计专家，结合七级古镇的特点，深入挖掘七级运河历史文化资源，设计以明清样式建筑为主，详细规划了安置区。

2．突出重点，把握好"三个环节"

在搬迁工作开展期间，始终围绕工作重点，紧扣关键环节，一步一个脚印，扎扎实实、环环相扣向前推进，确保每个工作环节不留后患、不留盲区、不出问题。

（1）把握好群众利益环节。按照七级镇搬迁初设方案，在镇区周边选址征用土地进行异地集中安置。通过调查发现，原初设方案不利于群众生产生活条件的明显改善。为此，阳谷县建设指挥部经过深入调研、认真思考，在原方案总投资不变的情况下，从维护群众的利益和确保搬迁顺利实施两点出发，将异地安置方案变更为在河道沿岸就地后靠安置。借助南水北调工程，在运河两岸道路外侧建设商铺就地安置，实现农户变商户，将镇区运河沿岸打造成为繁华的商业中心，确保搬迁户回迁后形成可持续的经济收入，争得了群众的支持，由被动搬迁变为主动搬迁，使整个局面焕然一新。实现了加快南水北调工程施工、保证移民今后的经济收入、小城镇建设迈上新台阶三方共赢的局面。

（2）把握好安置方式环节。在安置方式中，为避免"一刀切"现象，在通过走访调研，充分尊重群众意愿基础上，结合实际情况，采取集中安置、分散安置和货币安置等相结合的方式，让群众自主选择。即：对于经济条件好的，在河道沿岸商铺和居民小区内进行后靠安置，按招标价购房；对于经济条件稍差、想要自己盖房的群众，采取重新划分宅基的方式进行分散安置；对于不想在镇区进行房屋安置的，采取用货币的方式进行经济补偿。通过三种安置方式，符合群众意愿，做到让群众满意。

（3）把握好政策公开环节。在搬迁安置工作中，严格执行国家搬迁补偿政策，张榜公布了各搬迁户的补偿标准，大张旗鼓宣传搬迁政策，做到了搬迁政策群众心中明白，拆房搬迁心甘情愿。搬迁动员会后部分群众心存疑虑，指挥部选派代表到省水利厅询问补偿政策，在省水利厅了解到补偿标准与张榜公布的一样时，搬迁户相信了所有政策都是为群众着想，群众由消极抵触变为积极配合，充分调动了群众的搬迁积极性，大大加快了搬迁进度，152 户群众仅用六天全部搬迁完成。

3. 以人为本，全力做到"三个到位"

坚持以人为本，从为民、便民、利民、安民的角度出发，全力做好移民搬迁工作。

（1）服务细致到位。为确保整个搬迁过程顺利进行，在精心准备搬迁方案的同时，坚持以人为本，从便民、利民的角度出发，周密考虑工作细节，全力做好搬迁服务。镇脱产干部免费帮助群众搬迁。对部分群众无房屋居住的问题，积极帮助寻找居住房屋，协调镇中学、供销社、兽医站等有关部门，利用多余的办公房屋，安置搬迁群众，实现了和谐搬迁。

（2）责任明确到位。自搬迁工作开始，镇、村领导班子成员全员参与，主要领导坚持现场办公，协调解决问题；广大干部坚持服务于一线，不怕艰苦，做到上下一盘棋、一条心，全力以赴地完成搬迁任务，为南水北调工程早日贯通输水作出积极贡献。

（3）维稳联动到位。搞好社会稳定是完成搬迁任务的重要前提和根本保证。县施工指挥部及早组建专门的维稳工作组，深入搬迁户，开展矛盾纠纷大排查，发展问题及时化解，做到调查在前、防范在先，把一些苗头性、倾向性问题解决在基层、解决在萌芽状态；建立工作动态信息收集上报制度，工作组随时随地了解搬迁群众思想动态，及时收集上报指挥部；建立来电来访登记制度，指挥部安排专人负责来电来访群众接待、登记工作，认真记录、耐心解答，及时处理移民反映的问题。对一时不能答复的问题，及时召开会议讨论研究，并上报上级主管部门解释解答。确保问题"上不过午，下不过夜"，有效维护了社会稳定。

（二）精雕细凿，妥善安置

（1）七级镇历史悠久，以运河文化为主体的文化资源十分丰富。南水北调工程的实施，为七级古镇建设带来了千载难逢的机会，阳谷县南水北调工程建设指挥部抓住机遇，在安置区建设上巧做文章。通过与专家多次沟通商议，首先设计出规划图征求搬迁户意见，最后确定在不改变原地势的前提下，沿干渠两岸设计二层、三层的高低不一、错落有致仿古式商住楼。内部设施达到交房即可入住，房屋价格按照成本价回购。根据发展需要，在运河南大桥东南，西北各修建广场一处，便于群众健身娱乐及停留车辆购物。

（2）为进一步推动搬迁安置工作，坚持公开公正原则，制定了"提早搬迁、优先安置"鼓励政策，由县指挥部与镇组成联合搬迁验收小组，本户完成房屋拆迁后，写出申请，村委会认可，统一验收。验收合格后发放合格证，合格证将统一排序，并张榜公示，将群众完成搬迁的先后顺序与商铺位置的选择相结合，在挑选安置房屋位置时，按照验收合格排序号进行挑选。所有安置户均喜迁新居。

三、思考与启示

本次南水北调工程阳谷县七级镇之所以能做到快速和谐搬迁，思考与启示有以下几点。

（1）领导视野开阔、宗旨明确。就移民工作而言，涉及技术层面比较宽泛，实施过程较为漫长，但它有一个宗旨：利国利民。当地领导很好地利用了这一点，在深入调查民意的基础上，结合京杭运河古镇及小城镇建设规划，积极争取，突破初设。最终做到国家资金充分发挥作用，人民群众利益得到满足。

（2）正确处理严格与宽松。在拆迁执行国家搬迁规定、补偿标准时严格把关，不允许出现丝毫突破，从源头上杜绝搬迁户的私心杂念，一视同仁，从根本上杜绝关系户投机取巧。在安置建房时广纳民意，作出多种方案供搬迁户选择，根据民意进行适当调整，具体实施时选代表全程监督。切实使搬迁户感觉到政府执政为民。

（3）充分利用合与分的关系。所有工作人员统一学习有关搬迁规定、补偿标准，强化大局意识，树立"一盘棋"思想，发扬团结协作精神，之后分头行动，责任到户。实际工作中，勤联系、多沟通，相互协作，密切配合，取人之长、补己之短，切实使搬迁户感觉到工作人员都是他们的贴心人。

南水北调中线韩城拆迁安置研究（河南省）

河南省许昌市南水北调办公室

盛弘宇

河南省许昌市禹州市南水北调办公室

杨彬

一、背景与问题

南水北调中线总干渠途经禹州市韩城街道办事处新庄、西十里、前屯、后屯4个村，全长4.2km，永久性占地719亩，临时占地30亩，整体搬迁村庄一个，搬迁小学两所，涉及征迁农户301户1158人；需拆除各类房屋24872.82m²，清理菜地地面附属物24.5万m²，清理各类树木22960株，林业苗圃50750.4m²。

韩城地处禹州市区西郊，地貌情况比较复杂，菜地、林地（用材苗圃、绿化苗圃、果园）、水浇地相互交叉。其中以菜地面积最大，菜地地面附属物共分为精品日光温室、日光温室、塑料大棚、大弓棚、小弓棚五类，总干渠干线以内共占用精品日光温室14438m²，日光温室23197m²，塑料大棚167910.8m²，大弓棚27400m²，小弓棚11940m²。按照国家南水北调工程占地不能出现失地农民政策，韩城涉及4个村均需进行土地调整，而需调整土地大部分仍为菜地。重新调整土地时，总干渠以外的日光温室、塑料大棚也需同步拆除。由于菜地单位面积收益与水浇地差距较大，而按政策对调地附属物不予补偿，这样势必造成群众大面积财产损失。

此外，新庄村安置点是黄河以南最大的移民安置点。该村6个村民组，总人口1872人，南水北调中线总干渠从新庄村中间斜穿而过。因受南水北调工程规划的影响，1988年以来，新庄村一直未规划农村宅基地，全村原有住房大多为20世纪五六十年代建的土瓦房，年久失修。无论是添人进口，还是房屋倒塌，绝大多数群众都没有新建住房。同时由于原规划线不明晰，多年建不成新房的危房户及需要分户安置的住户，也迫切要求和干线占压户一起安置。

二、主要做法

1. 配备队伍，充实力量

韩城街道办事处成立了南水北调建设韩城指挥部，并把指挥部前移设置在工作重点区域新庄村部，指挥部下派新庄、西十里、前屯、后屯4个工作组，具体负责各村的南水北调工作。组织建立了指挥部联席会议制度，并为办事处南水北调办配备了车辆和办公用品，充实了工作力量。

工程开工后，在加快推进前期附属物清理与中期工程进度的同时，办事处把预防办、村两级干部利用南水北调工程出现财务职务违规违纪现象作为工作的一项重点来抓。办事处定期召开南水北调工作例会，每次都要强调财务纪律，严格要求各村不得出现财务违规违纪现象，并对资金的发放与管理制定了严格的管理制度。还专门邀请市纪委、市检察院同志为全体办、村、组三级干部做了《廉政警示教育》报告，通过高速公路建设涉及镇、村、组干部违法犯罪的案例进行警示教育，拉起了预防职务犯罪的警戒线。一系列有效的措施，实现了工程顺利开展、干部无一落马的预期目标。

2. 完善制度，有序推进

为推动各村工作有条不紊地进行，指挥部建立了公示制度和资金管理制度。对涉及向群众发放的各种地面附属物补偿标准，包括各项村级集体收入，市、办、村三级工作人员共同张榜公示在村公示栏，并录像存档。公示期内有出入的地方由个人向村委会写出书面申请，村委会负责人签字并加盖公章报办事处，办事处以行政文件上报市调水办。再由设计部门和建管处、市调水办人员前来复核认定，做到不让群众受损、不让国家受损。

办事处所有附属物补偿款及土地补偿款均采取存单形式发放，办、村工作人员均不经手现金。在清点地面附属物时，先由省设计部门和市调水办公室人员、办事处包村干部，办事处调水办公室、村工作人员及涉及村民到现场依据有关标准进行核实认定，并现场签字。为避免出现冒领、乱领现象，清理过程中由各工作组组长和包村干部严格把关。例如：在坟墓迁移中，采取了"坟主现场指认起坟，村组干部全程监督，包村干部当场录像存档"的办法。在机井、大口井认定中，"先拿尺杆量直径，对照标准定类别（大口井或机井），现场明确是废（废井）、用（使用井）"。核对无误后，办、村干部与涉及村民当场签字认可，做到公开、公正、透明。由于措施得力，仅仅三四个月的时间，地上附属物就基本上拆迁完毕。

3. 抓住重点，全员上阵

2010年年底，新庄安置点建设开始后，韩城办整合工作力量，将6名班子成员和全部中层骨干全部充实到新庄村工作组，班子成员分包到组、机关干部分包到户，开启了大兵团作战模式。通过开展张贴标语公告、发放《致新庄村征迁群众的公开信》和《致新庄小学学生家长的公开信》、召开村组干部会议等形式进行政策宣传。先后组织召开了党支部会议、村"两委"会议、全体党员会议、村民代表会议就"新庄村移民安置点及学校的选址、规划、南水北调各项补偿资金的分配、安置点宅基地的规划"等事宜进行了决议。在全面调查摸底的基础上，确定了"先线内后线外，先拆先建与边拆边建相结合，一卡一处与一子一处相结合"的安置原则。在全面安排总干渠干线内拆迁户之后，再对安置点占地户和干线影响户进行适当安置，根据各农户的实际情况，确定拆扒旧房时限，力争能够照顾到所有应予以妥善安置的群众。为加快工作进度，工作组制定了拆迁公告，明确房屋拆除时限和拆除标准。房屋拆除经验收组验收合格的，发给相应的验收合格证。对在不同规定时间内完成拆除并经验收合格的，享受不同的奖励政策。

4. 情系搬迁，全心为民

为解决群众在拆迁建设中遇到的临时周转房困难等其他问题，办事处全体工作人员主动想群众所想、急群众所急，组织新庄村周边邢寨、焦寨、西十里及火龙镇张庄、扇刘等村近150余所空闲房屋供新庄安置点拆迁户居住，租金由办事处支付。对因建筑材料上涨因素造成群众建房费用上涨的问题，指挥部积极协调，与天瑞集团达成水泥供应协议，按低于市场的价格向新庄村建房户供应水泥。因新庄安置点面积较大，建房用土困难，办事处主动为建房户提供宅基地免费用土。对安置点内的建房户，免费提供水电。通过上述措施，有力地解决了群众的建房困难，调动了拆迁群众拆迁建房的积极性。

5. 廉洁拆迁，全程透明

补偿款均采取存单形式发放，办、村工作人员均不经手现金。领款单由经办人、财务负责人、村负责人、包村领导审核签字，送办事处南水北调办公室审核加盖印章，报办事处主任签字，然后由财税所南水北调专户办理。发放形式是由征迁户提供身份证明，财政所统一到开发区信用社办理定活两便存单发到征迁户手中。

在新庄安置点建设中，涉及场地平整、土方回填、道路供排水等基础设施工程，全部通过招标公司进行招投标，由中标公司施工。完工后由市南水北调办、办事处南水北调办、村委会工作人员、群众代表、施工监理和施工单位共同进行验收。

为保证南水北调工程各项工程、各项资金可追溯、可倒查，韩城办事处严格南水北调各项档案管理，及时进行归档。涉及的资金发放表册、档案存韩城办事处财税所南水北调专户。村各项资金申请、资金分配方案、各项重大工程招投标资料、验收资料存办事处南水北调办，使每一项工作表册、协议、经办人、当事人、批准人、涉及金额、户数、时间等均有案可查，为责任追究提供一手档案资料。

三、思考与启示

（1）赢得群众的理解和支持是做好南水北调工作的基础。无论是地表林木、温室大棚还是居民房屋，对于群众来说都是他们赖以养家糊口、安身立命的基本要素，随着南水北调工程的开工建设，要么被砍伐了，要么被拆掉了，从感情上来说，总有着许多的不舍。特别是新庄的居民房屋，有的已经居住了几十年，即使破旧，仍承载着几代人的情感。受补偿标准的限制，拆迁补偿款不足以支撑他们建一所新房。要建一所新房，就要动用家里的积蓄。条件好一点的还好说，条件差一点的就更为难了。但在国家拆迁政策的号令下，虽说有几分不舍，但他们义无反顾，用自己的牺牲换来了工程的顺利开展。不能不说，人民群众是伟大的。正是有了群众的支持，才有了韩城南水北调拆迁工作顺利开展的基础。

（2）集中力量办大事是做好大型工程建设的重要手段。面对如此复杂的局面，如此繁重的工作，仅靠以往的工作方法难以奏效。在这种情况下，韩城办果断决策，倾全办之力、全员上阵，集中全部人力成立4个工作组分包4个村开展工作。在地表附属物基本清理到位，新庄村居民房屋进行拆迁关键阶段后，又把所有人力集中到新庄社区开展工作，实行大兵团作战，有力地推动了工作的开展。

焦作城区段征迁安置探索（河南省）

南水北调焦作城区段建设办公室

黄红亮　李新梅

一、背景与问题

焦作是南水北调中线工程唯一穿过中心城区的城市，境内工程全长 76.41km，其中城区段工程长 8.82km，涉及解放、山阳两个城区的 3 个办事处、13 个行政村。

南水北调焦作城区段征迁启动时，时间紧、任务重，同时南水北调工程地位重要，话题敏感，国内外关注度始终很高，征迁中一旦发生问题极易引发社会矛盾和不良政治影响。

二、主要做法

1. 坚持以人为本、和谐征迁的指导思想

南水北调征迁工作启动伊始，焦作市委、市政府就明确提出了"以人为本，和谐征迁，规范运作，科学发展"的指导思想，并提出"四个确保"的工作目标：一是确保总干渠按国家确定的时间如期开工；二是确保以南水北调工程建设为契机，提升焦作整个城市的品位和形象，安置小区建设要达到"三高"标准，即高标准规划、高档次设计、高质量建设；三是确保征迁工作中不出现大规模越级上访和安全事故；四是确保征迁、安置、建设资金投入中的财政安全。

2. 建立指挥有力、运转高效的组织机制

一是组建高规格的领导机构。成立了由市委书记任政委、市长任指挥长的南水北调中线工程焦作城区段建设指挥部，下设办公室和由市纪委监察局、市委组织部、市委督查室、市政府督查室等部门组成的督导监察组等 12 个专项工作组。市委、市政府领导坚持把城区段征迁工作作为日常工作的重中之重，多次召开会议安排部署，实地检查工作进展情况，研究解决征迁难点问题，有力地推动了工作进展。二是实行市级领导联系村和市直单位包村等制度。成立

74

了由市委常委、副市长等五大班子领导联系，统战部、组织部、宣传部等 13 个市直主要部门牵头、94 个市直单位参加的 13 个包村工作组，全面落实市、区、办事处、村四级领导责任制。三是选拔优秀党员干部参与征迁工作。从全市选调优秀党员干部充实到南水北调征迁工作中，把急难险重工作一线作为锻炼干部的阵地、识别干部的场所、选拔干部的重要渠道。四是加强督导，严格奖惩。市南水北调指挥部下发了《关于督导监察的工作机制和奖惩办法》，市委组织部印发了《关于对领导干部在南水北调征迁安置工作中的奖惩办法》，市监察局严格执行《焦作市行政机关首长问责暂行规定》，对出色完成工作任务的党员干部，市委优先提拔使用。

3. 建立完善与工程配套的政策体系

为保证征迁群众"搬得出、稳得住、能发展、可致富"，焦作市委、市政府在国家、省征迁政策的基础上，出台了《关于进一步为南水北调工程建设征迁群众提供优惠保障政策的通知》，制定了医疗保险、社会救助、教育就业、住房保障、人口计生、农林水项目扶持等 14 个方面 46 项优惠政策。市南水北调指挥部共召开联席会议 40 多次，结合城区段实际情况研究决定了 300 余项关系征迁群众切身利益的事项。

4. 实行阳光规范、亲情征迁的工作方法

按照市委、市政府要求，各级征迁机构和分包单位积极探索、勇于创新，形成了一整套阳光规范、亲情征迁的工作方法。

（1）坚持阳光公开、规范运作。一是实行工作程序"八步走"。即入户动员、错漏登复核公示、临时过渡落实到户、签订协议、搬迁验收、银行存折放款、统一组织拆除清理、定期回访。二是坚持"五公开"。即每家每户补偿款公开、人口与拆迁面积公开、安置房分配公开、特困对象照顾公开、提前搬迁奖励公开。三是做到"五个不拆""四个不建"。"五个不拆"即政策不完善不拆、宣传不到位不拆、安置不妥当不拆、当事人思想不通不拆、矛盾隐患不排除不拆；"四个不建"即没有科学规划的不建、程序不完善的不建、群众不满意的不建、质量没有保证的不建。四是做到规矩规范。整个征迁工作在市委、市政府的领导下，统一政策、统一规划设计、统一建设标准、统一资金管理、统一土地储备出让。严格实行"十个百分之百"管理，确保征迁安置工作规范实施。加强资金监管，做到专款专用、专户管理、精打细算、公开透明。

（2）坚持刚性政策，亲情操作。党员干部与征迁群众一对一结对子，实行包签协议、包搬迁、包拆除、包过渡安置、包回访、包稳定、包搬进新房的"七包"制度。探索和推行了"征迁宣传动员六到家，征迁服务工作六到位，安置配套措施六落实"的工作方法。"征迁宣传动员六到家",即全面普查,调查摸底工作做到家;逐户分析,征求意见工作做到家;家喻户晓,政策宣传工作做到家;真情为民,排忧解难工作做到家;找准症结,沟通疏导工作做到家;保障权益,法律咨询工作做到家。"征迁服务工作六到位",即形成合力,强化责任到位;提高素质,能力建设到位;干部带头,示范引路到位;社区村组牵头,搬迁服务到位;完善制度,监督保证到位;坚持原则,依法裁决到位。"安置配套措施六落实",即政策公开制度落实,承诺内容落实,统筹发展机制落实,领导包户制度落实,激励约束机制落实,人性化操作落实。

5. 建设让群众满意的安置工程

安置房建设关系到征迁群众的切身利益,根据群众意愿确定户型后,重点抓了五项工作:一是完善机制。明确区政府是安置房建设的责任主体,实行县级干部"包按时开工、包进度控制、包资金控制、包质量控制、包安全控制、包按时入住"的"六包"制度。二是加强安置小区建设质量安全工作。提出了"不让一平方米房屋出现质量问题,不出一起重大安全事故,不拖欠一分钱农民工工资"的工作要求。建立了施工单位和监理单位负直接责任、业主单位和各安置小区的分包干部负管理责任、市住建局负监管责任的质量管理体系,同时组织具有相关工作经验的人大代表、政协委员和党员、群众代表全程参与质量监督。三是千方百计降低安置房价格。出台政策减免安置小区建设规费,列出专项资金解决安置小区配套建设,使多层安置房价格与拆迁补偿标准大体相当。进一步完善安置小区建设优惠政策,仅土地费用和减免的建设规费,市财政就减少收入40亿元。四是加快安置房建设进度。为安置房建设审批开辟绿色通道,加快办理各种手续。科学安排,严格按照工期节点加快工程进度,确保安置房建设如期完成。跨渠桥梁征迁时,在安置房尚未完全建成的情况下,千方百计为征迁群众解决现房进行安置,采取以预期安置房置换和市场现金回购等方式,确保征迁群众每户至少分到一套现房,实现了先安置后拆迁,有力地推进了征迁工作。五是营造工程建设环境。组织开展了施工环境整治活动,市公安、监察等部门对强装强卸、强买强卖、无理取闹、干扰破坏工程建设的违法行为,毫不手软、严厉打击。坚持做到"八个一",即补偿资金发放一刻都不能拖延,该给群众的一分都不能克扣,政策执行一点都不能打折,政策研究一点都不能含糊,重大阻工事件一起都不能出现,质量安全事故一件都不能发生,工程进度一秒都不能耽搁,优质服务一丝都不能马虎,下决心以一流的环境、一流的服务、一流的工作,打造一流的工程。

三、思考与启示

焦作市在征迁任务重、搬迁时间紧、安置难度大、工作强度高的情况下，顺利完成南水北调城区段总干渠及桥梁等交叉工程征迁任务，充分体现了坚持党的领导的极端重要性，体现了社会主义制度能集中力量办大事的优越性。这也充分说明，无论做什么工作，特别是急难险重的工作，只要坚持党的领导，发挥社会主义制度优势、中央和地方政策集成优势、善于做群众思想政治工作优势，就没有克服不了的困难，就没有干不好的事情。

1. 充分发挥党组织的作用是前提

在南水北调征迁中，地方党组织作为领导者、组织者、管理者和推进者，必须充分发挥自身作用。对所面临的外部制约和困难必须坦然面对、主动接受、积极应对、化解矛盾。在具体征迁工作中高度重视、高度负责，特别是对大事、难事和急事，更要时刻"放在心上、抓在手里"。不仅要牢记使命，强化责任意识，准确把握工作的重点、难点，深入研究解决问题的办法，而且要靠前指挥、身体力行、亲自组织、亲自推进，才能保证征迁工作的稳步推进，保障工程建设的顺利实施。

2. 坚持以科学发展观为指导是根本

地方党组织面对南水北调工程带来的挑战和机遇，必须牢牢坚持以科学发展观为指导，抓住机遇实现更大发展。

焦作市按照科学发展观的要求树立工作理念。将征迁安置建设与全市经济社会的发展紧密结合起来，作为提高人民群众生活水平、提升城市品位和城市形象、打造旅游大市和文化名市以及保民生、保增长、保稳定的机遇。将征迁安置建设与维护群众切身利益紧密结合起来，征迁政策上注重利民惠民，征迁方式上注重规范运作，安置房建设中注重科学规划、严格程序、保证质量。将科学发展观具体落实到廉政建设及财务管理工作中，严格各项规章制度，认真执行上级下达的资金计划，每一笔支出都必须经过联审联签，确保资金安全、廉洁高效。

3. 切实维护群众利益是核心

无论遇到多么大的困难和问题，都要牢固树立正确的群众观，想问题、办事情坚持把群众利益放在首位，做到一切为了群众，一切依靠群众。征迁工作中，焦作市在严格执行国家征迁安置政策、确保征迁任务按时完成的前提下，切实把群众利益放在首位。从配套政策的制定、具体拆迁的实施，到征迁群众的安置，时时为群众着想、处处让群众满意。各分包单位出钱出物出车辆，最大限度地解决征迁群众的实际困难。焦作军分区协调驻焦部队为征迁群众送医送药，并组织成立以基干民兵为主的治安巡逻、安全监督和征迁帮扶三个小分队，服务城区段征迁工作。水务、电力、通信部门分别成立服务小组，保证征迁群众搬家期间用水、用电、通信正常。实践证明，只要最大限度维护群众利益，保障群众的合法权益，重视和解决他们的合理诉求，再难的事情也能办好。

4. 充分发挥党的政治优势是保证

在征迁工作中，焦作市充分发挥党的政治优势，进行了全市上下的干部动员、组织动员和社会动员，整合各方面力量，打赢了这场攻坚战。市、区五大班子领导深入一线、坐镇指挥、统揽全局、协调各方；纪检、宣传、发改、规划、建设、国土、劳动、企业发展、房管、园林、公安、财政、审计、信访、教育、文化等部门及金融、电信等单位出台优惠政策；各级人大代表、政协委员积极建言献策，为征迁困难群众捐款捐物；共青团、残联、工商联、律师协会等社团组织纷纷发出倡议，开展志愿者服务活动。可以说，从市级领导到村组干部，从党政机关到社团组织，从市直部门到驻焦单位，从领导干部到一般群众，近百家单位、数千名党员干部及社会各界通过各级各类组织凝聚在一起，形成了横向到边、纵向到底的立体式工作网络，汇集成了强大的工作合力。

5. 实行和谐征迁的工作方法是关键

焦作市坚持以刚性政策、亲情操作为原则，实行了和谐征迁的工作方法。既坚持政策的严肃性，做到规范操作、不突不破；也注重执行上的灵活性，做到柔性操作、亲情温暖。实践证明，焦作市南水北调征迁中探索实行的"七包"责任制、"八步走"征迁程序、"五公开"工作制度、"三个六"工作方法，以及对按时搬迁的群众给予奖励等，是具有焦作特色的城市拆迁工作方法，保证了南水北调焦作城区段征迁的和谐推进、顺利实施。

宿豫区征地拆迁安置工作经验和做法
（江苏省）

江苏省宿迁市宿豫区南水北调协调服务办公室

宋成武　伍士松　苏亚威

一、背景与问题

南水北调东线一期皂河二站工程涉及 1 个乡（镇）、10 个行政村，需永久征地 181.968 亩，临时征地 208.47 亩，拆除房屋 181.22m²，砍伐树木 23382 棵，坟墓 371 穴，100m 10kV 施工线路，厕所 5 座。征地拆迁涉及村庄单位多，情况比较复杂，工作量很大。

二、主要做法

1. 领导重视，组织有力

2008 年 12 月 31 日，江苏省宿迁市宿豫区召开了皂河二站征地拆迁工作会议，区委副书记、区长王柏生部署安排工作任务，会议明确要求皂河镇是本辖区内征地拆迁工作的责任主体和实施主体，镇长是第一责任人，其他各有关部门和单位都要按照各自职责各负其责、相互配合、协作工作机制。区政府还多次召开征地拆迁工作会办会，安排部署征地拆迁工作，并深入皂河镇指导征地拆迁工作。同时，成立由一名副区长为组长，相关单位、乡（镇）一把手为成员的领导小组，并下设专门办公室，具体负责征地拆迁工作。

2. 多方联动，稳步推进

针对涉农较多、工作量大的实际情况，该区超前谋划、多方联动，及时安排部署拆迁、清障等各项工作。

（1）大造声势。充分利用宣传的导向作用，切实加大宣传力度，通力出动宣传车，组织人员进村入户，张贴通告、发放宣传单，向群众讲解政策等进行广泛宣传，使南水北调工作建设的重大意义、上级政策和要求深入人心，较好地营造了理解、支持和服务工作的浓厚氛围。

（2）详细排查。组织乡（镇）、村组干部群众配合省、市南水北调办对实物量进行复核、登记造册，对有误差的及时调整，并张榜公示，确保了实物成果的准确性。

（3）处理矛盾。2010年3月31日至4月3日，因鱼塘土地归属权争议，袁甸村六组30人到工地反映问题，有个别群众阻拦机械施工，导致施工单位不能正常施工。宿豫区南水北调服务办了解情况后，立即召集皂河镇和袁甸村相关负责人进行了现场会办，安排专人负责这项工作，使承包户反映问题有人接待、提出问题有人处理、咨询政策有人解答，共接待上访人员100多人次，基本将事情合理控制、解决在基层，没有造成越级上访事件。

3. 严格监管，加强廉政

在工程征地拆迁过程中，区南水北调办组织监理、乡（镇）、村组及农户严格实物量调查登记，每道程序进行公示，对有疑问的再进行落实，直到没有误差为止，防止有个人行为，滋生腐败。在资金管理上做到专款专用、专项存储、封闭运行、阳光操作。用存折或存单形式直接支付到农户，减少了中间环节，保障了群众利益，避免因资金补偿不到位而出现的一些不稳定因素，确保了工程顺利进行。

三、思考与启示

（1）摸底排查的重要性。征地拆迁摸底排查必须做到"细、广、深、全"四个方面。"细"就是要细致，对每一个征迁环节都要排查到位，梳理出存在问题，提前做好各方面工作；"广"就是排查范围要广，从征地拆迁实物量，涉及拆迁户，所在地政府管理部门，拆迁工作牵扯的各管理部门等；"深"就是要深入征迁工作一线，深层次了解征迁工作进展情况，随时发现问题、解决问题，将矛盾化解在第一时刻；"全"就是要全面掌握征迁工作情况，上调下行，使各项征迁工作不脱节。

（2）处理问题快速反应的重要性。在征地拆迁工作中总会出现多种问题，面对问题必须快速反应，不使问题扩大化、严重化。

（3）协调的重要性。拆迁工作牵涉多个部门，不能仅从某一方面或某一部门的便利出发，出现理想主义、闭门造车或以上压下等现象，防止制定的工作方案和制度脱离实际，对具体工作造成被动。

第四篇
专业项目处理

金宝航道水面围网养殖拆除实践（江苏省）

江苏省金湖县南水北调工程拆迁工作小组

郑传宝　　罗建华

一、背景与问题

南水北调金宝航道工程在金湖县境内有长 37.2km 的老河道，水中杂草丛生，杂物也很多，淤塞严重，渔民捕鱼捞虾的网簖和围网养殖密布航道两边，既影响行船运输，也造成流水和行洪不畅。因此，疏浚和清理航道是这次工程的主要任务之一。

疏浚清理航道，必须首先清除老航道中的围网养殖和捕捞网具，这项工作对金湖县南水北调工程拆迁工作小组来说是一个新课题，也是一个大难题。

二、主要做法

（1）各相关部门配合摸清围网养殖户的实际情况。因此，拆迁工作小组联合渔政站、湖管会和相关镇开展调查，首次摸清了围网养殖、捕捞情况。东自宝应县交界的退水闸西至金湖站，共涉及捕捞、养殖和围网97户、1442亩，为开展下一步工作打下了基础。根据调查了解的情况，这97户来自江苏省、安徽省，淮安市、扬州市、滁州市，金湖县、宝应县、高邮县、天长县、盱眙县和洪泽县两省三市六县，人员组成复杂，有长期捕捞、承包养殖、专业养殖、特色养殖。承包期有长有短，人员文化水平普遍不高，大部分是小学文化和文盲，法律意识、法制观念淡薄，思想觉悟不高，说话办事认死理，一旦发生矛盾纠纷比较难协调。

（2）深入湖区到船头了解渔民、养殖户真实想法和要求。近年来，由于鱼蟹行情不稳，价格下滑，水污染严重，产量上不来等因素，造成养殖户等亏损严重，少的亏损几万元，多的亏几十万元。拆迁工作小组不但到船头塘口，到养殖区逐户登门走访，还分别召开了本县、外县和在养殖户中有一定影响力的代表等3个座谈会，让他们说想法、谈要求、提意见，经过十多天的走访调查，逐渐了解到这些养殖户认为南水北调工程是国家工程，抱着一夜暴富的心理，想从承包的水面中大捞一把，因此，不少人谈补偿时就狮子大开口，漫天要价。掌握情况后，拆迁工作小组针对实情，商讨对策，采取措施。

（3）摸清投资成本，做到心中有数。因为水面围网养殖投资和农业投资成本完全不同，不能以亩一概而论，照搬硬套过去的标准和做法。为了弄清实情，拆迁工作小组想了不少办法，派专人到县城和集镇卖网具的门市、商店和卖竹子、毛篙、木桩的市场了解各种网具、毛篙、木桩市场价格，拆迁工作小组用了一个多星期时间，跑遍全县 30 多家门市和市场，基本掌握了围网养殖每亩需要材料、工资等各项成本，为下一步赔偿做到了心中有数。

（4）逐户丈量、评估，为测算赔付做好准备。为了减少盲目性，避免片面性，避免赔付时出现拆迁工作小组随口说、养殖户随口要的现象，拆迁工作小组专门聘请了由水产部门技术人员、镇分管水产养殖的懂行领导、有长期从事水产养殖经验的村支书、老党员等行家里手，成立了评估小组。用小船逐户、逐围网区对所有养殖户的养殖面积、围网结构、网的层数、新旧程度、使用年限、毛篙、木桩、长度、密度、根数、大小、高矮、护网高度、长度进行了一一丈量记载，仔细认真地进行了评估测算。除实地丈量外，还对养殖面积进行一次全面审核，因为水面承包不同于内陆粮田发包，内陆承包面积丈量是人工用皮尺量比较准确，而水面测量人无法步行，所以，大部分用竹竿丈量，都是用小船作为代步工具，移动性大，实际面积往往都大于承包面积。为保证面积的准确，拆迁工作小组最终确定一律以渔政站颁发的水面承包养殖证面积为准，这样既减少了承包户之间的相互攀比，又减少兑付时的矛盾，还节省了不必要的征用赔付资金。

（5）多方寻求水面补偿的依据。为了使湖区围网养殖赔付能有法律和政策依据，便于工作时有法可依、有据可查，拆迁工作小组查阅了法律法规和省、市、县文件，并咨询司法、渔政、湖管部门，在《关于国有渔业水域占用补偿标准基数和等级系数的通知》（苏海发〔2010〕5 号）中查阅到内陆养殖的征用补偿的参照标准，拆迁工作小组就以此为依据，并参照过去和周边在其他征地补偿中的一些惯例和做法，在广泛征求意见的基础上，确定了金湖县水面围网养殖的赔付标准，这样既做到合情合理，又实事求是，对金宝航道内影响航道施工的 1442 亩水面围网养殖进行了彻底清除和补偿，保证了工程的顺利施工。

（6）一视同仁、公开兑付补偿。向承包户兑付补偿款是一件实事，也是一件好事，这件事做得好与坏，关键就在两个字"公平"，在开始走访座谈时，有不少承包户担心是外地的外县人，在确认面积、制定赔付标准时会不一样。拆迁工作小组就表态承诺，补偿一定按政策、标准一律平等。在补偿兑付时，拆迁工作小组始终坚持不论本地人还是外地人，是养殖户还是捕捞户，对照规定标准，按照面积公平公开公正兑付补偿，一视同仁。整个金宝航道的围网拆除补偿兑付后，养殖户心服口服，反映很好。

（7）重视来信来访，化解矛盾纠纷。拆除围网养殖直接关系到养殖户的切身利益，直接影响他们的生产生活。几十户渔民思想认识不一致，并不都理解赔付标准。为了使渔民反映问题有人接待，咨询政策有人解答，金湖县拆迁工作小组从一开始就安排专人负责信访这项工作，几年来，共接待渔民养殖户上访 50 多人次，其中集访 30 人、6 次，来信 30 多件，基本将问题解决在基层，没有造成越级上访事件。

三、思考与启示

（1）真抓实干是做好工作的关键。工作再难，只要下决心、动脑筋、想办法真心实意地去做，就一定能够做好。摸实情、用实招、说实话、办实事、真抓实干是做好工作的基础，工作再难，"实"在不怕。

（2）领导带头，正确引导，是做好工作的基础。俗话说"火车跑得快，全靠车头带"，不论做什么工作、干什么事情只要领导带头，正确引导，就有了工作的方向和目标，经常鼓励和鞭策，就会不断增强工作的信心和动力，这是做好一切工作的基础。

（3）坚持原则，按政策办事，是做好工作的根本保证。不按法律政策办事，就会没有原则；没有规矩就会各行其是，杂乱无章，显失公平。只有始终坚持原则，按政策规定办事，才是做好工作的根本保证。

（4）深入群众，掌握实情，是做好工作的最好方法。只有经常深入群众之中，倾听他们呼声，了解他们的想法，掌握他们的所想、所思、所求，做出的决定、决策才能符合他们心声，得到他们的理解、支持和拥护，解决矛盾处理问题时才能符合实际。

（5）公平公正办事，是做好工作的最好做法。说话办事，一定要讲究公平，大公无私，不徇私舞弊，按照原则和规定一视同仁，做到公开、公平、公正，群众就会心服口服。

（6）重视群众来信来访，是解决问题的主要途径。因为拆迁工作小组拆除围网养殖，从某种意义上说是断了养殖户的生财之路，加上补偿赔付不一定都如所有人的心愿。赔付的标准再高，工作做得再好，可有人还是不满意、不知足。所以在做好拆除工作的同时，就明确专人负责群众的来信来访工作，并将地址、联系电话、接待人姓名以及在班时间都向所有养殖户公开，便于联系，取得了良好的效果，使许多矛盾都化解在萌芽状态，养殖户也非常满意，也使拆迁工作小组的工作得到了顺利开展。

南水北调工程焦作城区段专项设施迁建经验（河南省）

南水北调焦作城区段建设办公室

范杰　李小双

一、背景与问题

南水北调焦作城区段总干渠全长 8.82km，地处焦作中心城区，穿越城区 10 条主次干道和 4 条河流，设置 7 座跨渠桥梁、4 座倒虹吸、1 座生产桥。工程建设任务十分复杂、繁重。建设范围内，涉及专项设施迁建和市政配套设施建设有城市道路、河流、燃气、热力、给水、排水、电力、通信、广电、军用光缆、园林、铁路设施等多项专项基础设施，主要专项设施迁建项目总计多达 672 项，小型电力、通信、有线电视网络更是错综复杂，密如蛛网。这些管线既关系到城市功能秩序正常运行和广大群众的生产生活日常需求，又直接影响到南水北调焦作城区段总干渠工程建设。

二、主要做法

在时间紧、难度大、任务重的情况下，焦作市南水北调城区办组织协调焦作供电公司、焦作中裕燃气公司、焦作市城市建设项目管理公司、焦作水务公司、焦作通信传输局、焦作移动公司、焦作联通公司、焦作电信公司、焦作铁通公司、有线电视网络公司等 10 多家专项设施产权单位，在规划、城建、园林等多家市直部门的指导监督配合下，与南水北调建管单位建立科学的专项设施迁建计划，与施工单位协同作战，对城区段总干渠各类管线有序实施迁建。

截至 2013 年年底，焦作城区段所有专项设施迁建均按照城区段总干渠工程建设时间节点要求，全面完成迁建任务。在整个专项设施迁建过程中，未对城市需要和居民正常生产生活造成大的影响，确保了城市功能的正常运转，确保了南水北调城区段总干渠建设顺利进行。2014 年年初，经南水北调中线局河南直管局郑焦项目部验收，各类新建、复建专项设施项目均符合总干渠工程建设安全要求。主要做法是以下几点：

1. 凝神聚力，攻坚克难

一切以南水北调总干渠顺利施工为中心。总干渠施工要求管线迁建提前完成，总干渠工期计划决定了管线迁建施工进度。在每条线路的迁建中，市南水北调城区办和各产权单位一起，制定周密的迁建方案，为了确保群众正常生产生活，焦作市南水北调城区办要求将专项设施迁建过程中最关键环节割接、对接工作安排在晚上零点至早上 5 点之前进行，把施工时间明确到时、分，把专项设施迁建给城市和群众造成的影响降到最低程度。

为了做好南水北调城区段专项基础设施迁建工作，焦作市南水北调城区办、南水北调城区段建设指挥部市政管线路桥建设组做了大量富有成效的工作。在专项基础设施迁建过程中，焦作市南水北调城区办发扬"五加二，白加黑"的精神，把工地现场作为第一办公室，无数次组织南水北调建管、施工、设计、监理、规划及各产权单位对地下、地上各类专项设施逐一进行调查、核实，研究新建方案和拆除步骤，确保安全、有序进行。一是分别与各专项基础设施产权单位签订专项设施复建协议书，及时下达投资计划，下拨复建资金。二是会同建管、施工、设计、监理及各产权单位对新增、漏登的专项基础设施逐一进行调查、核实。三是将所有专项基础设施迁建纳入责任目标管理，采取会议协调、现场办公、督办查办、实行日报告制度等多种形式，促进专项设施迁建工作。四是实行挂图作战，把每一项需迁建的专项设施绘制成图，一目了然、迁建一条、消除一条，做到心中有数。五是针对部分专项设施迁建需要增设临建措施的问题，积极组织调查研究，确定了专项设施临建项目、方案、投资计划，并及时报省政府移民办及设计单位。六是完成《南水北调中线工程焦作城区段路桥对接和工程管线综合控制性规划》，为专项基础设施科学迁建提供规划依据。七是针对《南水北调中线一期工程总干渠黄河北—羑河北段焦作城区段征迁安置实施规划报告》中个别专项设施复建规划与规范和实际情况存在出入的问题，及时上报省办和设计部门，建议修订完善，确保专项设施复建的科学性、合理性。八是积极协助产权单位办理各项审批手续。

专项基础设施管线都有一定的覆盖范围，都形成一定的系统和规模。一条管线的迁建，往往会牵一发动全身，牵涉到一定范围内管线系统的变动。如供电线迁建，为给焦作市民营造优美的总干渠两岸环境，焦作市南水北调城区办提出了 8.82km 中心城区河道上空不允许横跨电线的要求。这意味着线路的迁建、改造要涉及供电、规划、铁路等多个单位和部门，协调方面之广、涉及单位之多，都是焦作市城市建设所没有遇到过的。焦作供电公司需要对原有的供电区域全部重新划分，对整个城区的供电网络再进行一次规划和施工，难度很大。焦作供电公司先后召开专题会议 20 多次，按照城市供电规划要求，科学部署开展南水北调线路改造、迁建工作。在具体施工中，该公司在保证不停电的情况下，攻坚克难，夜以继日，确保整个南水北调线路迁建、改造的质量和进度。

2. 认真规划，协同合作

在南水北调城区段专项设施迁建过程中，焦作市南水北调城区办积极组织南水北调建管、施工单位、各专项设施产权单位以及焦作市规划局等部门多次召开协调会、专题会、方案论证会、现场会，积极协调解决问题，并在焦作市规划局抽调了管线科科长常驻市南水北调城区办，对专项设施迁建规划方案做出专业性指导把关。各产权单位创新工作，实现多部门协同合作，大大提高了工作效率，提高管线迁建工作的科学性。如每一次迁建弱电管线，移动公司、联通公司、有线电视网络公司、焦作通信管理局等都会协同合作，分清先后次序，依次迁建各自管线。同时，各产权单位还加强与南水北调建管单位的合作，随时了解工程进展，根据工程需要调整工作重点、工期，保证施工进度。在南水北调焦作城区段专项基础设施管线迁建工作中，有效沟通、协同合作发挥了很大作用，极大地提高了工作效率。

3. 精心谋划，科学实施

在水、电、气、暖等与人民群众生活密切相关的管线迁建时，焦作市南水北调城区办和各产权单位一起，考虑群众生活需求，制定周密的迁建方案，采取夜间作业、节假日不休息等方式，加班加点做好相关管线迁建工作。

城区段所有穿越总干渠的雨水、污水和城市供热管道的迁建工作，由焦作市城市建设项目管理公司承担。在塔南路群英河倒虹吸的临时迁建工程中，污水管道迁建若不能及时完成将造成污水横流，直接倒灌至群英河倒虹吸基坑施工区内，由于该工程开工时临近年底，工人已准备放假回家过年。为避免污水进入倒虹吸基坑内，焦作市城市建设项目管理公司迅速召集施工人员于 2010 年 1 月进行施工，改迁排水管道，工程终于在农历大年三十完工，确保了群英河倒虹吸安全正常施工。

南水北调城区段跨渠桥梁（引道）施工，对城市交通产生一定的影响，为保证城市功能的正常运行和城市交通的安全通畅，市南水北调城区办积极与中线局河南直管局沟通对接，按照桥梁施工工期安排，制定了城市交通保通方案，并协调交警、交通、住建、规划等相关部门对施工区域周边的交通方案进行了论证和优化，采取了错时断路施工和临时绕行道路通行相结合的措施，即确保了城市交通正常运行，又保证了城区段跨渠桥梁顺利建设。

在专项基础设施迁建过程中，各专项产权施工单位将管线割接安排在夜里施工，白天恢复功能，焦作城市运行和市民的生活几乎没有受到影响。

三、思考与启示

在南水北调城区段总干渠工程建设和专项设施迁建过程中，前期科学规划，实施过程各有关单位和部门严密组织、相互配合，为工程建设顺利推进，作出了巨大努力和贡献。

济南市区段专业项目处理模式（山东省）

山东省水利勘测设计院

王建伟　周明军　李亚慧　商晓乾　刘淑珍

一、背景与问题

南水北调工程济南市区段工程影响的专业项目管线包括：自来水、污水、热力、燃气、电力、电信管线、路灯管线、再生水管、军用电缆，共有九种管线。现状管线大部分在小清河北岸，主要管线为 $10\sim220kV$ 高压线、直径 $1800\sim2000mm$ 的污水主干管，DN1400 给水主干管及 DN500 燃气主干管等都在北岸，目前运行情况良好。根据南水北调工程暗涵位置，现状管线大部分位于南水北调输水暗涵的设计施工红线内，管线必须迁移，以便保证工程的顺利实施。

根据《水利水电工程建设征地移民安置规划设计规范》（SL 290—2009），专业项目处理原则包括：①根据各专业项目的特点、受淹没影响的程度和移民安置需要，结合专业项目的规划布局，提出处理方式。处理方式包括复建、改建、迁建、防护、一次性补偿等。对确定复建、改建、迁建、防护的专业项目，提出技术可行、经济合理的设计方案。不需要或难以恢复的，应根据淹没影响的具体情况，计算合理补偿资金。②专业项目处理方案应符合国家有关政策规定，遵循技术可行、经济合理的原则。对恢复改建的项目，应按原规模、原标准或者恢复原功能的原则进行规划设计。

以往工程专业项目处理方式具有前期调查工作不完善、存在大量漏项、主体工程涉及不完善造成二次迁建甚至多次迁建、协调机制不健全、进展慢效率低、投资计列不足等弊端。而南水北调工程影响专业项目密集、规模大、隐蔽性强、涉及产权部门多、产权关系复杂，征地移民安置规划设计人员在大量南水北调工程影响专业项目处理实践中总结出一套工作模式，从组织协调、专业项目联合调查、迁建方案设计、复建方案审查、纳入工程概（估）算等方面创新性地提出了职责分明、合作共赢的专业项目处理模式，该模式避免了以往工程专业项目处理方式存在的弊端，为以后其他工程影响专业项目的处理提供了借鉴。本文选取南水北调济南市区段工程专业项目处理方式为案例，从主要做法及实施效果方面具体论述该工程专业项目的处理情况，并进一步总结概括职责分明、合作共赢这一专业项目处理模式。

二、主要做法

1. 工作过程及组织

根据南水北调工程可研阶段工作要求，2005 年 8—9 月，由济南市政府协调，山东省南水北调工程建设管理局、山东省水利勘测设计院、济南市市政公用事业局、济南市市政工程设计研究院组成专业项目联合调查组，召开各专业项目主管部门调查摸底会议，要求各专业项目主管部门提供工程影响范围内各专业项目现状。随后，济南市勘察设计研究院利用物探对各专业项目主管部门提供的各专业项目现状进行校核，完成了《小清河两岸现状管线物探图》。

2005 年 11—12 月，联合调查组持 1/1000 地形图与各专项部门就南水北调济南市区段工程和小清河综合治理工程影响范围内的各类管线进行了现场调查、复核。山东省水利勘测设计院和济南市市政工程设计研究院对调查结果进行了整理汇总，编制完成了《南水北调东线一期工程济南市区段专项设施复建方案》。

由济南市政府组织，联合调查组对各专项部门统一要求，对各专业项目现状进一步细化、核实，分别列出南水北调工程和小清河综合治理工程各自影响的工程量。根据济南市规划局划定的复建区域、济南市市政工程设计研究院编制的《小清河综合治理工程管线综合规划》，山东省水利勘测设计院、济南市市政工程设计研究院对各专项部门根据各行业设计规范和投资编制规范编制的可研阶段的复建设计方案和复建投资进行了核实、审查，按照"三原"的原则，与各专业项目单位共同完成了各管线项目的复建方案。

2008 年，南水北调工程进入初步设计阶段，设计单位根据主体工程局部线路调整情况和目前小清河工程施工情况，重新调查复核工程影响的专业项目，下发了《初步设计阶段专业项目复建方案工作要求》，对各专项部门提出了具体的技术要求，会同小清河综合治理工程建设指挥部、济南市市政设计研究院和各专业项目单位共同完成了各专业项目的复建方案。

2. 影响专项规划设计情况

本次管线综合设计包括给水、雨水、污水、燃气、热力、电力、电信、照明（交警设施）、军用电缆共九种管线，所有管线均按照各管线单位提供的规模进行综合设计。沿路管线标准段的敷设：27m 道路，标准段由北至南管线布置依次为给水、路灯、污水、雨水、电力、通信、雨水、路灯；40m 道路，标准段由北至南管线布置依次为燃气、照明、污水、雨水、电力、雨水、照明、电信；30m 道路，标准段由北至南管线布置依次为污水、照明、热力、雨水、给水、燃气、电力、雨水、照明及电信管线。清河北路道路宽 50m，标准段由北至南管线布置依次为给水、污水、照明、热力、雨水、燃气、电力、雨水、照明、电信及污水。管线现状及复建规划横断面示意如图 1 所示。

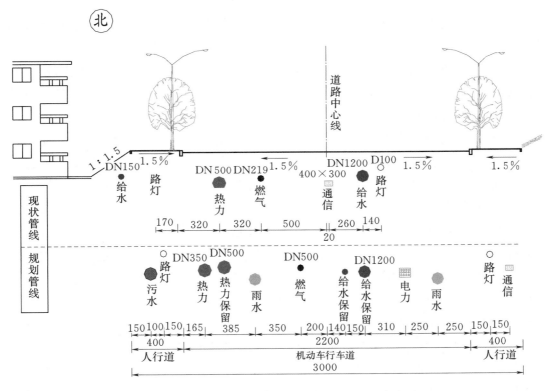

图 1　管线现状及复建规划横断面示意图（单位：cm）

（1）平面布置。按照济南市规划局的小清河两岸管线综合规划，在小清河北路和跨小清河、输水暗涵相关区域布置给水、污水、电力、电信、热力、燃气、道路照明、再生水、军用电缆共九种管线。污水管道河道跨河采用倒虹吸形式，电力管线埋地与架空相结合方式，其余管道皆通过桥廊过河。

（2）竖向布置。管道在与输水暗涵交叉时，污水管道从输水暗涵底穿越。输水暗涵应保证有足够的覆土满足其他埋地管道从输水暗涵顶穿越。

3. 实施效果

（1）真实、准确、全面的专业项目调查成果。真实、准确、全面的专业项目调查成果是处理济南市区段工程影响专业项目、编制复建方案的前提。济南市区段专业项目规模大、情况复杂，山东省南水北调建设管理局、设计单位、专业项目主管部门或权属单位通过成立联合调查组，健全沟通协调机制，共同完成了可研、初设阶段影响专业项目调查，提高了工作效率，保证了调查成果的真实、准确、全面，为复建方案的编制奠定了坚实的基础。

（2）专业、经济、合理的专业项目复建方案。以往的专业项目迁建补偿按省内补偿标准计列，往往以影响专项部门线路杆数确定补偿投资，实施过程中会发生实际投资与设计投资出现较大缺口的问题，对工程的实施造成较大困扰。而南水北调济南市区段工程影响专业项目处理方式，是在全面调查专项的基础上，由专业项目主管部门或权属单位委托有资质的行业设计单位按相应专业初步设计或相当于初步设计工作深度的要求完成复建方案，提出复建、改建设计文件和投资概算，并附主管部门的审查、认可意见后，经设计单位审查，汇总入南水北调报告，这样既保证了专业项目复建方案的专业性、科学性，避免了上述因简单补偿出现投资不足弊端，经过多方单位的审查又保证了复建方案的经济性、合理性，减少了因专业项目处理不当对工程实施造成的困扰，为整个工程顺利实施提供了保证。

（3）正确处理了专业项目处理方案中补偿与发展的关系。《大中型水利水电工程建设征地补偿和移民安置条例》（国务院令第 471 号）规定："工矿企业和交通、电力、电信、广播电视等专项设施以及中小学的迁建或者复建，应当按照其原规模、原标准或者恢复原功能的原则补偿"。由于受相关规范、行业标准及敷设地点条件不同的影响，南水北调济南市区段工程影响的专业项目的"原规模"与"恢复原功能"不能同时实现，因此复建规划在按照"三原"原则进行方案设计的前提下，适当考虑发展因素，补偿与发展相结合，正确处理了补偿与发展的关系，保证了复建方案的合理化，实现了专业项目复建方案与地方经济社会和行业发展的结合。

三、思考与启示

通过对南水北调济南市区段工程影响专业项目的处理以及在其他工程影响专业项目处理的大量实践基础上，设计单位总结概括出了一套职责分明合作共赢的专业项目处理模式：对于交通工程、输变电、电信、广播电视、水利设施、管道工程设施等专业项目，首先由当地政府组织协调，项目建设主管单位、设计单位、各专业项目产权单位组成专业项目联合调查组，联合调查工程影响范围内各专业项目现状情况，并由各方对调查成果共同进行盖章确认；随后由各专项产权单位委托有相应资质的设计单位编制迁移方案，并确定迁移投资；最后由设计单位对迁建方案和投资进行核实、审查，对合理的复建方案纳入工程概（估）算投资。整个工作重视协调机制的建立，职责分明，注重实现业主、设计部门、专业项目产权单位的合作共赢，保证了专业项目调查成果的真实性、全面性、准确性，提供了科学、经济、合理的复建方案，为以后其他工程专业项目的处理提供了一定的借鉴。专业项目处理模式流程图如图 2 所示。

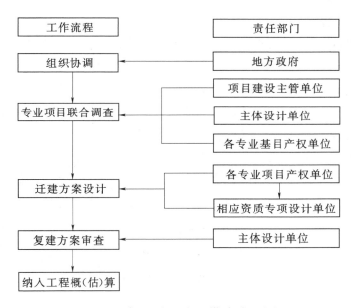

图 2　专业项目处理模式流程图

1. 健全协调沟通机制

各专项部门隶属关系复杂，根据专业部门特点，明确专项迁建工作协调机制和人员，不定期召开协调会议，解决迁建工作中出现的问题。

2. 职责分明的专业项目设施调查

专业项目调查在收集专业项目有关建设资料的情况下，持不小于 1∶5000 比例尺地形图，由当地政府组织协调，项目建设主管单位、主体设计单位、各专业项目产权单位组成专业项目联合调查组，全面调查工程影响范围内各专业项目现状情况。

（1）输变电设施。输变电设施是指电压等级 10kV（或 6kV）及以上线路和变电设施。调查内容应包括输电线路、变电设施两个方面。

1) 输电线路包括占地涉及线路的名称、权属、起止地点、电压等级、杆塔形式、导线类型、导线截面等，受占地影响线路段的长度、杆塔材质、高度和数量等。

2) 变电设施包括变电站（所）名称、位置、权属、占地面积、地面高程、电压等级、变压器容量、设备型号及台数、出线间隔和供电范围、建筑物结构和面积、建筑物名称、结构及数量等。

（2）通信、广播电视等设施。通信设施是指通信部门建设的通信线路、基站及其附属设施。广播电视设施是指有线广播、有线电视线路，接收站（塔）、转播站（塔）等设施设备。通信、广播电视等设施调查包括通信、广播电视线路及通信基站、接收塔、转播站等。

1) 通信、广播电视线路包括占地涉及的线路名称、权属、起止地点、等级、建设年月、线路类型、容量、布线方式、受占地影响长度、杆数等。

2) 通信基站、接收站（塔）、转播站（塔）包括占地涉及的通信基站、接收站（塔）、转播站（塔）的名称、位置、权属、设施名称、数量、设备名称、型号、数量及其技术指标或参数、占地面积等。

（3）水利水电工程设施。水利水电设施包括水电站和乡级以上单位直属的水库、提水泵站、引水坝（闸）、渠道（管道）等及其配套设施。

调查内容包括项目名称、位置、权属、建成年月、规模、效益、主要建筑物名称、高程、数量、结构、规格、受益区受影响程度、职工人数等。

（4）其他专业项目。调查内容应包括名称、位置、权属、建成年月、规模、效益、主要建筑物名称、高程、数量、结构、规格等。

3. 委托编制迁建方案

由专业项目主管部门或权属单位委托相应资质设计单位负责编制复建方案，并确定迁移投资，提交主体设计单位审查汇总。专业项目在提交规划设计文件（复建方案）的同时，还应提交主管部门或权属单位的审查、认可意见。复建方案编制内容包括如下方面：

（1）对确定复建、改建、迁建、防护的专业项目，按照专业项目行业标准的要求，按各专业相当于同等设计阶段的深度要求，开展地质勘察和单项规划设计，编制规划设计文件，提出投资概（估）算。

（2）专业项目复建方案，主要包括受影响专业设施现状、工程影响分析、必要的方案比选、工程设计、工程量、按专业行业标准、定额编制投资概（估）算。

（3）因扩大规模、提高标准（等级）或改变功能需要增加的投资，不列入投资概（估）算。

4. 复建方案审查

由主体设计单位对经专业项目权属单位审查、认可的迁建方案和投资进行核实、审查。审查注重复建方案的处理方式合理性和是否按照原规模、原标准或者恢复原功能的原则进行规划设计。在核实、审查过程中对迁建方案和投资存在不同意见进行及时沟通、反馈。

5. 纳入概（估）算

对合理的复建方案纳入工程概（估）算投资。

吴家堰塘整治方案优化实例（南水北调中线干线工程建设管理局）

南水北调中线干线工程建设管理局

常志兵

一、背景与问题

吴家堰塘位于河南省南阳市淅川县境内，南水北调中线一期工程总干渠淅川段2标左岸（设计桩号 TS11＋200～TS11＋800），水面面积 90.59 亩，最大水深 12m，汛期水位可达 164.00～165.00m。该段总干渠为中等膨胀土深挖方渠段，挖深 30～40m，开挖后左岸地面高程为 163.50～182.00m。鉴于吴家堰塘距总干渠开口线最近仅 20m，对总干渠安全构成极大的安全隐患，必须对吴家堰塘进行整治。

二、主要做法

1. 方案变更过程

设计单位长江勘测规划设计研究有限责任公司在 2011 年 4 月编制的《南水北调中线一期工程总干渠陶岔至鲁山段强膨胀土及深挖大于 15m 的中膨胀土渠段重大变更设计报告》中推荐吴家堰塘整治采用防渗排水方案。2011 年 8 月 22 日，国务院南水北调办以《关于南水北调中线一期工程总干渠陶岔至鲁山段、荥阳段强膨胀土（岩）及深挖方中膨胀土（岩）渠段设计变更的批复》（国调办投计〔2011〕209 号）同意对吴家堰塘采取适当的截排水措施，批复总概算 4439.6 万元（工程部分概算 4360.7 万元，移民环境投资概算 78.9 万元）。

工程实施阶段，南水北调中线干线工程建设管理局（简称中线建管局）对吴家堰塘整治工程设计方案进行了进一步细化，认为相较防渗排水方案，弃土回填方案具有安全隐患小、对工期影响小和可再造使用土地等优点，该局组织设计单位、施工单位、地方政府等有关单位对弃土回填方案进行了充分讨论，认真分析两个方案的优缺利弊，取得各单位的认可，拟将吴家堰塘整治工程处理方案由已批复的防渗排水方案变更为弃土回填方案，形成中线局纪要

〔2011〕110号文。

按照各有关单位的职责分工和中线建管局的安排部署，2011年12月16日，淅川县南水北调办公室以《淅川县南水北调办公室关于九重镇王家村吴家水库有关情况的函》（淅调办〔2011〕58号）原则同意吴家堰塘整治工程弃土回填方案；设计单位开展了征迁实物指标调查和吴家堰塘填平方案设计工作，形成了《南水北调中线一期工程总干渠吴家堰塘整治工程变更设计报告》，针对防洪影响问题形成了《南水北调中线一期工程总干渠吴家堰塘整治工程防洪影响评价报告》；淅川县水利水保局审查并印发了《关于南水北调中线一期工程总干渠吴家堰塘整治工程防洪影响评价报告的批复》。中线建管局于2012年4月11日在南阳市淅川县召开会议，对《南水北调中线一期工程总干渠吴家堰塘整治工程变更设计报告》进行了初审，并以《关于修改完善南水北调中线一期工程总干渠吴家堰塘整治工程变更设计报告的函》（中线局技函〔2012〕71号）印发了初审意见。根据中线建管局初审意见，设计单位修改完善了《南水北调中线一期工程总干渠吴家堰塘整治工程优化设计报告》。

中线建管局以《关于报审〈南水北调中线一期工程总干渠淅川段吴家堰塘整治工程优化设计报告〉的请示》（中线局技〔2012〕48号）报送国务院南水北调办公室，国务院南水北调办公室以《关于南水北调中线一期工程总干渠淅川段吴家堰塘整治工程优化设计的复函》（综投计函〔2012〕229号）原则上同意了该方案。按照国务院南水北调办的意见，中线建管局以《关于南水北调中线一期工程总干渠淅川段吴家堰塘整治工程优化设计的批复》（中线局技〔2012〕65号）进行了批复，同意对吴家堰塘整治工程采用弃土回填方案。

2. 变更缘由及必要性

对吴家堰塘整治工程的防渗排水方案和弃土回填方案进行了全面比选，认为由于吴家堰塘所在渠段为中膨胀土，地层裂隙发育强，渠坡稳定性对地下水较敏感；同时堰塘排水设施不完善，在非常降水条件下对渠道安全构成一定威胁。采用回填方案可彻底解决上述问题，对总干渠工程的永久安全更为有利。防渗排水方案需在吴家堰塘下游刘沟2弃土场新增泄水涵洞1.4km，影响弃土场正常弃土和总干渠渠道开挖，制约总干渠施工工期。该泄水涵洞将深埋于弃土场表层之下20m，运行维护困难，且一旦发生堵塞将影响总干渠安全。而弃土回填方案不但对总干渠安全、工期和运行维护更为有利，还可再造可使用土地。

综上考虑，在地方原则同意弃土回填方案且已批复防洪影响评价的前提下，为提高工程安全度，加快工程进度，降低运行维护难度，将吴家堰塘整治工程防渗排水方案优化为弃土回填方案是合适的。

3. 优化设计的主要技术方案

采用邻近总干渠渠道开挖料对吴家堰塘自堰底（高程 159.10～163.20m）进行回填，回填面最高高程 175.00m，回填表层为 50cm 厚耕植土。在回填面中间处布置排洪渠，回填顶面自两边向排洪渠倾斜，排洪渠处回填顶面高程 173.5～172.8m。回填高程 167.00m 以下、排洪渠地基范围（按 1：2 放坡）和临总干渠侧顶宽 5m 以下坡体（按 1：2 放坡）压实度不小于 0.94，其他区域需满足复耕要求。靠近总干渠侧自总干渠开挖边坡 50m 平台向回填顶面按 1：4 坡度回填，坡高约 8.4m。坡面设置 1m 厚改性水泥土，坡面防护与该段总干渠边坡防护形式一致，另布置横、纵向排水沟以尽快排除坡面水。坡顶面设置 13m 保护带，布置 1m 高防洪堤（边坡 1：1）、林带、截流沟和防护栏。

回填面中心处设置排洪渠将原吴家堰塘汇水绕下游刘沟弃土场边缘下泄，全长 1682m，共分 5 段，渠底高程 141.00～172.00m，陡槽段后接 10m 长消力池。防洪设计标准为按 5 年一遇（7m³/s）设计，20 年一遇（11m³/s）校核。排洪渠采用梯形断面，渠底宽 1.5m 或 1m，边坡 1：1，6cm 厚 C20 现浇混凝土衬砌，下设复合土工膜，衬砌高度 1.5m 或 1m。

吴家堰塘下游刘沟弃土场沉降稳定后沿渣场中心布置排洪渠，将渣场区域汇水排至下游天然沟道，全长 761m，共分 4 段，渠底高程 144.80～170.14m，末端采用台阶跌水式消能方式。防洪设计标准为按 5 年一遇（8m³/s）设计，20 年一遇（13m³/s）校核。排洪渠采用梯形断面，底宽 1.35m，边坡 1：1，6cm 厚 C20 混凝土衬砌，衬砌高度 1.4m。

吴家堰塘整治工程优化设计方案主要工程量为堰塘土方开挖 14.14 万 m³，弃土回填 109.57 万 m³，0.94 压实度土方回填 58.03 万 m³，积水抽排 9.42 万 m³，坡面防护水泥改性土填筑 2.85 万 m³，排洪渠 C20 混凝土衬砌 0.13 万 m³。施工工期 12 个月，2012 年 6 月开工，2013 年 5 月底完工。

吴家堰塘整治工程建设征地共计 433.12 亩，其中永久征地 30.71 亩（排洪渠占地），临时用地 402.41 亩（含吴家堰塘填筑 312.45 亩）。

按照 2008 年四季度价格水平（批复价格水平），设计单位编制的吴家堰塘整治工程优化设计投资概算总计 4440.2 万元，其中工程部分静态总投资 1642.4 万元，移民环境静态总投资 2797.8 万元。

中线建管局对优化设计投资概算进行了核定，核减移民环境投资中水土保持监测费和水土保持竣工验收费各 2 万元，核减后的优化设计投资总概算 4436.0 万元，其中工程部分静态总投资 1642.4 万元，移民环境静态总投资

2793.5 万元。优化设计投资较原批复方案减少 3.66 万元，其中工程部分投资减少 2718.27 万元，移民环境投资增加 2714.61 万元。

三、思考与启示

吴家堰塘整治工程优化设计对南水北调中线总干渠工程安全、建设进度和运行维护更为有利，减小了施工难度，扩大了耕地面积，实现了多方共赢。在工程建设过程中，结合实际情况优化设计，利于工程建设。

南水北调中线工程永年段申家坟征迁实例
（河北省）

河北省邯郸市永年区南水北调办公室

李为中　　杜育敏

一、背景与问题

南水北调中线工程永年段自北两岗村南与邯郸县南两岗交界处起，途经永年县界河店乡、临洺关镇、永合会镇、西阳城乡 4 个乡（镇）、20 个村庄，于邓上村北与邢台市北掌村交界处出永年，全长 18.2km，征地宽约 110m，渠道永久占地面积 3851 亩。

征迁过程中遇到了许多问题，有些问题非常复杂、棘手，申家坟征迁就是其中一例。申家坟位于大油村东南，南水北调工程征用大油村土地 646.93 亩，其中含申家坟墓地 20 余亩。征迁实施方案对申家坟采取集中设灵堂安置，但该报告没有考虑到文物保护问题，对墓地下埋坟墓数量和挖掘工程量考虑不足。

申家坟位于临洺关镇西部 8km 之处、永峰线南侧，南水北调总干渠从中穿过。此坟茔始建于明朝洪武年间，至今已有 600 多年的历史，是晋、冀、鲁、豫申氏族人的祖坟。据清《广平府志》及《永年县志》的记载，申氏家庭在明清两代属旺族，居官者甚多，有进士、举人二十多人，主要突出代表人物有明代山西布政使、都察院都御史大同巡抚申佐，明代山西太原府知府、潞安府知府申伦，河南按察司副使申价，明太仆寺丞申佳允，明山东副使申为宽，清初"广平才子"畿辅诗派奠基人申涵光，翰林申涵盼。史载，申佳允在明朝即将灭亡之时，在战守无望的情况下，为明殉节。清顺治十一年，清顺治帝对申佳允忠义行为进行了表彰，并诏令建墓立碑，后康熙为申佳允故乡申庄村书写匾额"明忠臣故里"。申涵光，清顺治时恩贡生，少年时以善作诗文闻名遐迩，与殷岳、张盖称为"冀南三才子"。其父申佳允死后，申涵光奉养老母，教化兄弟，潜习文学创作，著有《聪山集》《聪山文集》（已收入《四库全书》），享有盛名。申涵煜，申佳允次子，清顺治十一年举人，著有《史评》

《敏庵集》《江航草》等书。申涵盼，申佳允三子，清顺治十七年举人、十八年进士，授翰林院检讨，国史院纂修，著有《忠裕堂文集》。2007年6月，申家坟被永年县人民政府公布为县级文物保护单位。

申家坟茔地涉及申庄村和距申庄村西4km的大油村，占地面积共计63.715亩，其中坟头占地面积24.8625亩，其余地是用于养坟的（即把租赁地的收入用于修坟、护坟及发给申氏男丁上坟的犒赏），南水北调征地前由大油村人实际耕种。由于申家坟是历史遗留问题，两村一直争斗不断，严重影响了社会稳定，这次南水北调工程占压了整个墓地，占地补偿又引起两村的矛盾。

二、主要做法

（1）确保南水北调顺利施工，按政策做好文物保护工作。为做好申家坟搬迁工作，河北省、邯郸市南水北调办公室、文物部门专家领导数次到现场调研指导工作，第一要保证南水北调按计划顺利施工，各方要协调配合，积极推动工作进展；第二要按政策做好考古发掘、文物保护工作；第三要千方百计加快坟墓尸骨搬迁进度，减少对南水北调工期影响。河北省文物局负责申家祖坟的考古发掘工作，尸骨搬迁和埋葬费用问题属征迁安置范畴，由南水北调征迁资金解决。经永年区南水北调办、设计、监理核定，对坟墓搬迁费用进行了必要的调整。在各部门相互配合共同努力下，既保证了南水北调的正常施工，保护了历史文物，又充分尊重了逝者，进行了妥善安置，赢得申氏后人理解。

（2）化解社会矛盾，妥善处理申庄、大油村两村多年的申家坟土地纠纷问题。自清末以来，申庄村与大油村村民因申家坟土地问题曾发生过多起群斗事件，两村又分别属两个不同镇管辖，更增加了矛盾的复杂性。

为此，永年区政府多次召开专题会，协调两个乡（镇）、村，做了大量的群众工作，反复协商，最终形成各方都能接受的土地纠纷解决方案，达成一致意见，并使两个镇、村签订了协议。通过这次南水北调征迁安置工作，彻底解决了申庄和大油村两村历史遗留的土地纠纷问题，既保证了南水北调工程的顺利施工，又解决了地方多年未能解决的难题。

三、实施效果

保证了南水北调施工单位及时进场，工程得以顺利实施。由于省、市领导高度重视，大力支持，有关部门积极配合，地方政府强力推进，使申家坟征迁大难题得到很快解决，为施工单位进场赢得时间，确保了南水北调工程按计划顺利施工。

解决了历史遗留问题，维护了社会稳定。申家坟的拆迁补偿，既保护了历史文物，又妥善地安置了申氏先人，赢得了申氏族人理解，同时也彻底地解决了多年来大油村与申庄因土地权益纠纷问题，消除矛盾隐患，维护了社会稳定。

文物保护成果显著。本次南水北调征迁申家坟挖掘发现证实，记载的历史名人申佐、申伦、申达、申佳允、申涵光等人的墓室和棺具，保存完整，具有很高的文物研究价值，河北省文物局有关领导和专家认为出土的一些墓志和棺木、墓室等都达到了国家珍贵文物的级别。

四、思考与启示

（1）只要在党和政府的领导下，没有解决不了的问题。申家坟土地权益纠纷问题，就是在永年县政府直接领导下，通过做大量工作，使双方意见达成一致，处理了多年来一直未能解决的历史遗留问题。

（2）只要从群众利益出发，问题就会得到解决，赢得群众理解和支持。南水北调在实施过程中，不可避免地会给各方面造成影响，地方、群众一时不能接受。因此必须从群众利益出发，理解地方困难，给予地方或部门必要的政策支持，保护群众利益不受损害。

（3）只要实事求是、耐心细致，总能找到解决的办法。南水北调工程规模大，征迁工作必然会遇到各种各样的难题。但就怕"认真"二字，只要我们实事求是分析研究问题，耐心细致做工作，总找到解决的办法，总能解决好各种各样问题。

山东段聊城土桥闸考古发掘及修复利用
（山东省）

山东省文物考古研究院

吴志刚

南水北调东线山东干线有限责任公司

刘霆

一、背景与问题

南水北调东线工程山东段南北干线长 487km，涉及众多的古代遗存，尤其是部分线路利用京杭大运河故道输水，文物保护任务十分繁重。在众多文物保护工作中，南水北调工程聊城土桥闸考古发掘及修复利用的原址保护是其中一个典型范例。土桥闸经原址保护后，南水北调工程输水通过地下绕行涵洞和土桥闸闸口按比例同时输水，突出反映了工程建设和文物保护的双赢，获得了良好的社会效应，促进了地方的生态环境保护及旅游开发，新的利用方式和考古发掘资料也给后续的大运河申报世界文化遗产提供了良好的支撑。

土桥闸位于山东聊城东昌府区梁水镇土桥闸村内，始建于明代成化年间，历史上是京杭大运河重要的水工设施，曾设有闸官和捞浅铺，有专门的闸夫和管理机构，周边有香火旺盛的庙宇。

二、主要做法

南水北调东线一期工程山东段设计利用聊城段运河故道输水，在考古田野调查中，这座被遗忘的船闸得到了文物保护工作者的重视。根据南水北调工程的文物保护方案，土桥闸的保护应贯彻"保护为主、抢救第一、合理利用、加强管理"的方针，妥善处理好文物保护与工程建设以及社会经济发展的关系，遵循"重点保护、重点发掘，既对基本建设有利，又对文物保护有利"的原则。依据《中华人民共和国文物保护法》和《文物保护法实施细则》中的有关条文规定，经与水利等行业专家联合论证确定：对土桥闸实行原地修复保护。在原址保护利用闸口输水的同时，另行设计绕行涵洞以达到南水北调的设计输水量。根据土桥闸的历史现状及布局，首先要对土桥闸做考古勘探和发掘，发掘出完整原址，然后由文物保护专业技术人员根据残损现状制定修复保护方案，经上级行政主管部门审核批准后，依据批复方案对该闸进行修复保护工程，同时确定修复的土桥闸应保持原有布局、原有结构、原有工艺、原有材料，修旧如旧，尽量多的保留历史信息，并要对土桥闸周围进行环境整治，使之展示原有的风貌，达到保护的目的。

为做好土桥闸的维修工程，山东省文化厅南水北调工程文物保护办公室委托山东省文物科技保护中心编制了《京杭大运河山东聊城段土桥闸维修保护方案》，并获国家文物局批复。考古发掘完成后，相关考古资料交付给了山东省文物保护科技中心。2012 年 9—12 月，在山东省文物科技保护中心的主导下，根据经国家文物局批复的方案，完成了土桥闸保护维修工程。

工程确定了现状整修、防护加固、局部修复的维修路线，施工中严格遵守文物法规和原则，按照《文物保护工程管理办法》及《土桥闸维修保护方案》的要求，先后实施了对燕翅墙、金刚墙、闸底装板等部位的维修：依据原有形制，拆除不当改造墙体，拆砌鼓胀错位墙体，补配缺损石构件，修补残损石构件，补抹脱落石缝灰，使维修后的土桥闸最大限度地保持原有布局、结构、工艺及材料。通过维修后的闸口，南水北调工程已经可以正常输水，但输水量无法满足需求。

为了满足南水北调工程的输水量，早在南水北调工程土桥闸文物保护工作启动时，就确定了南水北调干渠绕过文物本体的原则。土桥闸考古发掘工作结束之后，根据掌握的土桥闸的相关资料，确定本体范围之后，从土桥闸的东侧开挖了倒流干渠，同时为了不破坏土桥闸的风貌，采用了暗渠，以输水涵洞的形式绕过土桥闸东侧本体，这种文物保护和利用方式的创新，既满足了南水北调的输水量和洁净度，又没有在外形上改变土桥闸外形的整体风貌，保证了文物形制的完整性，取得了两全其美的效果。

土桥闸本体维修工程完工后，结合文物保护规划及南水北调工程干渠建设，整治了周围环境，铺设了两岸的便道并进行了绿化，土桥闸本体也修建了沟通东西交通的风景便桥。两岸的老百姓享受到了南水北调工程文物保护带来的实惠，提高了生活环境的水平，对文物保护也有了新的认识。修复后的土桥闸气势宏伟，原有的巧妙构思的水工设计充分展现，整体原址保护后成了聊城段运河遗产的一个亮点，慕名而来游客的络绎不绝。

三、思考与启示

土桥闸历经明、清两代，保存了大量丰富的历史信息，具有历史真实性，对其进行有效的保护具有重要的历史意义。其设计坚固合理、施工精细，能为了解同类型水利设施的研究提供重要的参考资料，对研究运河漕运历史及水利工程发展也具有重要意义。

南水北调工程中土桥闸的文物保护特别是考古发掘工作受到了诸多好评。土桥闸的文物保护工作结束后，山东省博物馆设置专题全面介绍了运河水工设施和南水北调工程对运河的保护利用情况，以图片的形式展现了聊城土桥闸考古发现现场和考古发掘成果，并专门设计了一面展示墙，其上粘贴了大量土桥闸出土的瓷片，展示了京杭大运河使用时期的文化风采。国务院南水北调工程建设委员会办公室、国家文物局、山东省委省政府的领导多次到展示土桥闸文物保护成果的山东省博物馆、考古馆参观，对南水北调工程文物保护成果的展示给予了高度的评价，做到了文物保护和工程建设双赢。

高青陈庄遗址的考古发掘实例（山东省）

山东省文物考古研究院

高明奎

山东省东营市南水北调工程建设管理局

王海伦

一、背景与问题

　　高青陈庄遗址位于淄博市高青县花沟镇陈庄村东，坐落于陈庄和唐口村之间的小清河北岸，东北距县城约 12km，北距黄河约 18km，周围地势属平坦的黄河冲积平原。陈庄村东一条南北向的水渠贯穿遗址中部，将遗址分成东、西两部分，南部压于小清河北大堤下。地表大部分被树林覆盖，少量为农田。

　　为配合南水北调东线一期工程胶东输水干渠的建设，山东省南水北调工程建设管理局与山东省文化厅达成协议，工程施工范围内的文物保护工作由山东省文物考古部门具体组织实施。2003 年秋，山东省文物考古研究所开始组织专业技术人员沿线徒步调查，当调查人员行至陈庄村东南杨树林时，在村东一条南北向水渠的断崖处发现灰土中包含几块陶器的残片，并进一步沿水渠断崖及周围区域调查，也发现少量陶片，根据该线索，初步确定该处为商周时期的古代遗址，但具体时代及文化内涵仍需进一步工作。根据初步调查结果，2004 年，山东省文物考古研究所再次组织专业技术人员对沿线调查发现的遗址或墓地进行复查和勘探，其中陈庄遗址作为重点勘探对象，后发现该遗址文化堆积丰富，埋藏保存好，为新发现的一处重要遗址，遂将该遗址作为该工程重点文物保护项目组织实施。

二、主要做法

1. 南水北调工程改线避让文物

　　南水北调东线一期济南至引黄济青段工程包括明渠段、济南市区段、东湖水库、双王城水库等 4 个单元工程。2010 年初，除明渠段外的其他 3 个单元工程均已开工建设，明渠段工程初步设计已完成审查，工程红线范围已经确定，即将开工建设，并且根据国务院确定的东线一期工程 2013 年通水目标建设，工期相当紧张。由于陈庄遗址重要的历史和科学价值，仍确定调整南水北调输水干线设计方案，对该遗址实施原址保护。为此，国务院南水北调办将明渠段输水工程中的高青陈庄遗址影响段划出作为一个独立的设计单元，组织工程建设、文物部门以及当地政府经过大量测量、工程设计和征迁调查等工作，提出了多套方案，对 5 个比选方案都进行了详细初步设计。经对方案进行多次优化，确定了绕村明渠输水方案，避绕陈庄遗址，确保遗址的整体保护。原陈庄段工程方案线路长 11.305km，调整后方案线路长 13.225km，原方案设计投资为 15074 万元，调整后方案投资为 30047 万元，增加投资近 1.5 亿。

2. 现场抢救保护工作

经山东省文化厅与南水北调局达成协议，在南水北调调水工程开工前，需要将沿线占压的重要文物点进行抢救性发掘。2008 年 10 月，山东省文物考古研究所即组织大批人员进驻陈庄村，至 2010 年 2 月结束田野工作，开始了长达两年的发掘工作。

调水工程从遗址中部东西向穿过，工程范围内占压面积 2 万多 m^2，而由于该工程是下挖土方，对于地下古文化遗存保护来说就是遭受灭顶之灾，如不抢救会全部荡然无存。而 2 万多 m^2 的发掘任务对于一个省级考古研究所来说又是一个巨大的压力。当时山东省一年的发掘面积常常不超过 2 万 m^2，还是多家有资质的工作单位联合的结果，对于如此大的工作量，文物工作者显得力不从心。为此采取联合方式，通过联合山东大学、西北大学等高校考古专业，邀请师生参与发掘，共同完成任务。

3. 价值意义及影响

经过近两年的抢救保护工作，所发现的成果填补了山东乃至全国范围内周代考古多项空白，价值重大、意义非凡。

陈庄遗址是目前山东地区所确认最早的西周城址，属西周早中期。祭坛为山东周代考古的首次发现，在全国范围内来说也比较罕见，为研究周代的祭祀礼仪提供了宝贵的实物资料。据目前全国的考古资料，"甲"字形大墓当为西周时期高规格的贵族墓葬，这对解读该城址的地位与属性具有重大意义。铜器铭文中的"齐公"字样为金文资料中首次发现，且该城址又位于齐国的腹心区域，与早期齐国有重大关系，是半个世纪以来齐文化研究的突破性进展，可以修正或补充汉代以来几千年典籍有关早期齐国的若干认识，对扑朔迷离的齐国早期历史的探讨具有更重要的意义。该发现的研究、保护即将对当地社会的发展产生深远影响。

该遗址沉睡了 3000 多年，经过考古发掘工作，陈庄遗址由不为人知的普通农田转变为世人眼中的"风水宝地"，成为有关领导、专家眼中的重要文化遗产保护地及齐文化研究的新阵地，并被国务院审批为第七批国家级文物保护单位，被国家文物局评为"2009 年中国考古十大新发现"之一。许多专家纷纷撰文研究，或认为陈庄遗址为齐国早期都城营丘或薄姑，也有学者认为为齐国采邑或军事城堡，掀起了齐文化研究的一个新高潮，其重要性及重大价值正日益彰显。

三、思考与启示

如何科学处理大型工程建设与文物保护的关系，尤其是碰到重大工程与重要考古发现发生冲突时，这是摆在工程建设与文物有关主管部门的新课题。最后，经国家、省、市、县各级有关文物、水利部门的积极沟通协调，调水工程线路绕避该遗址，工程建设主动为文物保护让道，实施原址保护，有效化解了工程建设与文物保护的矛盾，树立了我国大型基本建设工程中文物保护工作的新典范，正在对当地经济、社会、文化、生态环境发展产生深远影响。

目前高青县人民政府正积极推进在原址博物馆和遗址公园的建设。县财政已配套 3000 余万元建设了遗址外围绿化工程，打通了进出道路。国家文物局批复了陈庄—唐口遗址文物保护工程（一期、二期），共批复资金 4000 余万元。目前，一期工程核心区地下防水防渗及加固工程、防护罩已建成，完成投资 2900 余万元。二期工程施工图通过山东省文物局批复。下一步，将在实施文保二期工程的基础上县财政配套资金 2000 余万元完成核心区展陈设计施工。该项目的文物保护工作正在或即将对当地的经济、社会、文化、生态建设发挥重大助推作用。

第五篇
临时用地处理

临时用地返还复垦工作的经验及思考
（河南省）

河南省焦作市南水北调办公室

吕德水　　张琳

一、背景与问题

临时用地返还复垦工作是南水北调总干渠征迁工作的重要组成部分，事关地方经济发展与群众切身利益。

南水北调中线工程总干渠在焦作市有三个特点：一是焦作市是南水北调中线工程唯一穿越中心城区的城市；二是工程绕过煤矿采空区；三是与11条铁路、千余条管线相互交叉、错综复杂。南水北调中线工程总干渠河南段8个市共拆迁房屋220万 m^2、动迁人口5.5万人，焦作市拆迁房屋122.5万 m^2、动迁人口2.64万人，焦作市的拆迁面积和动迁人口居全省之首。基于这样的背景，具体到焦作市临时用地相关工作，表现为涉及区域广、地类繁多、使用管理和移交周期短、返还复垦任务艰巨等。焦作市以高度负责的工作态度、务实担当的工作作风，大胆创新的工作方法，在临时用地的选址、返还、复垦、验收及跟踪问效等方面因地制宜地开展工作，在实践中摸索出了一套行之有效的工作方法，收到了良好效果，并被河南省政府移民办在全省做了推广。

二、主要做法

（一）因地制宜，合理规划临时用地选址

焦作市在征迁安置规划编制之初，就根据南水北调工程建设将产生大量弃土的情况，结合焦作市东部地区（修武县、马村区）存在有大片煤矿塌陷坑，西部地区（博爱县）存在着许多高速公路取土坑、窑坑的实际，选取这些地点作为工程的弃土场，利用弃土对这些废弃土地进行整理，恢复为有效耕地。这一举措，不仅优化了临时用地选址效益，为日后返还复垦工作在一定程度上减少了工作量，提高了效率；更重要的是增加了耕地面积，服务了地方经济，实

现了南水北调工程资源利用的最大化。

（二）临时用地返还复垦工作的实施及效果

焦作市及有关县（区）始终高度重视临时用地的使用管理和返还复垦工作，坚持以"为群众服务、让群众满意，为工程服务、保建设需要"为原则，做到责任明确、监督有力、跟踪问责，积极抓好临时用地使用管理和返还复垦工作。在广泛的实践与探索中，工作组不断总结经验，认真研究，最终确定了七步工作法，即"使用监督、规范整理、初验整改、编制方案、审核方案、组织实施、终验退还"。各县（区）在临时用地的移交、使用、管理、返还、复垦中，重点从五个环节进行把握，按照七个步骤开展工作，积极稳妥地开展土地返还复垦工作，全市做到了统一标准、统一步骤，实现了规范高效。

1. 明确职责、建立机制，把握好组织措施环节

（1）明确各方职责。焦作市南水北调办负责指导监督全市的临时用地管理和返还复垦工作，协调解决过程中出现的各种问题；有关县（区）为返还复垦责任主体，负责临时用地移交返还，并与施工单位签订临时用地使用返还协议，明确双方权责；有关乡（镇）办事处负责本辖区临时用地复垦的组织实施；施工单位负责按照实施规划的要求，规范使用、规范整理，按期返还。

（2）建立协调工作机制。市、县两级建立临时用地返还复垦工作协调联席会议制度，联席会议由市、县征迁机构，建管、设计、监理单位组成，并根据情况吸收乡（镇）、行政村参加，必要时可报请省两办参会。各联席会议成员单位加强信息沟通，定期协调，并深入现场检查，发现问题，及时商讨处理方案，督促限期整改。

（3）建立责任追究制度。县级征迁机构作为责任主体，分别与施工单位签订临时用地使用返还协议，与复垦实施单位签订复垦协议，明确在整理返还、复垦退还中的权责。坚决反对未经县（区）征迁部门同意，施工企业擅自与沿线村或个别群众私下达成某种协议。由此造成的一切损失和责任由施工企业负责。如因施工企业未按时返还临时用地或整理不到位，造成不能按时复垦回交的，施工企业要负责解决延期相关问题和费用。

2. 精心谋划、合理组织，把握好方案制定环节

（1）了解底数，有的放矢。临时用地返还复垦工作涉及面广、情况复杂，只有提前掌握真实、详尽的一线情况，才能为下一步顺利开展复垦方案制定工作创造有利条件。为此，市南水北调办组织各有关县（区）成立前期工作小

组，深入临时用地片区，现场勘查，了解情况，分析汇总，及早建立临时用地使用台账，在台账中明确临时用地的数量、区域、类别、使用时限、存在的个性和共性问题等情况，及时跟踪掌握临时用地动态变化，做到心中有数。

（2）根据实际，制定方案。焦作市根据焦作实际，先后制定出台了《临时用地复垦方案编制大纲》（焦调办〔2010〕230号）、《南水北调总干渠临时用地复垦工作意见》（焦调办〔2011〕170号）等文件。临时用地返还复垦工作得到了省政府移民办的大力支持，省政府移民办专门对焦作市临时用地返还复垦工作意见进行了批复（豫移干〔2010〕337号）。各有关县（区）征迁机构按照焦作市出台的相关文件要求，根据提前建立的临时用地使用台账，按照实施规划报告的要求，提前编制分区块复垦方案。在复垦费用使用方面，以"县（区）包干、统筹使用、可以调剂、不得突破"的原则，由县（区）包干使用。各县（区）复垦方案制定完成后，报市调水办审查核准。

3. 规范整理、提早返还，把握好返还环节

（1）关口前移，过程监督。为了管理使用好临时用地，工作组认为必须将关口前移，决不能等到问题出现了，才去发现、才去整改。广泛宣传实施规划要求，提早跟踪监督临时用地使用情况。一方面将标准交给群众，让群众参与监督。由乡村确定专人，按照临时用地使用、整理标准，对施工单位临时用地使用情况进行定期、不定期监督，保证其规范使用临时用地，及早提醒施工企业认真整理，按期返还，确保临时用地返还与复垦工作无缝衔接。另一方面将标准交给施工企业，让企业有章可循，自觉按要求使用临时用地，切实做到源头控制。这种提前介入，为下一步的返还复垦创造了有利的条件。

（2）规范整理，各方初验。施工单位要按照"实施规划报告"中典型地块整理的要求，做到规范整理。土地权属单位与施工单位要提前有机结合，为土地返还创造良好条件。土地整理完成后，焦作市南水北调办公室牵头，组织由县（区）征迁机构、建管单位、施工企业、监理单位、乡（镇）办事处、村委等参加的验收组，对施工单位整理情况进行初验，初验合格的，及时办理返还签证手续，尽快开展复垦工作。

（3）督促整改，提早返还。初步验收不合格的，验收组根据实施规划报告要求和现场实际提出整改意见，督促施工单位限期整改。整改后再次接受验收，直至达到要求为止。

4. 抓住关键、注重实效，把握好复垦环节

（1）依托方案，强化监督。各县（区）征迁机构要严格按照复垦方案明确

的复垦要求、时间节点、工作程序等，指导相关乡（镇）、行政村具体实施，并以复垦方案为标准，定期对复垦工作实施进度、质量、资金使用等进行督导，确保规范高效完成复垦任务。

（2）落实任务，明确目标。各有关乡（镇）、行政村在返还复垦实际操作中，要在县（区）的指导下，严格按照复垦方案进一步细化目标，建立复垦任务台账，将责任落实到人，保证按要求完成复垦。县（区）负责汇总辖区内复垦工作进展情况，定期向市调水办公室报告。

（3）抓住关键，注重实效。在焦作市开展临时用地复垦工作之初，也曾探索对临时用地复垦实行项目管理，按照相关规定通过招投标确定复垦实施单位。但经过摸索和实践，按项目对复垦进行招投标管理，存在着一些弊端。主要有四个方面：一是招投标程序复杂，如代理选择、标书编制、网络公示、评委设置、中标公示、实施管理等，不适合乡村实际；二是招投标时间长，从发布招标书到开标往往需要两三个月时间，而临时用地从返还到复垦退还只有3~6个月时间，而农作物种植时效性强，有时耽误十天半月就种不上了，因此招投标往往会影响耕种；三是临时用地大小不一、多少不等，不利于推行招投标；四是群众对招投标不信任，通过招投标方式产生的施工单位，与群众期望脱节，复垦后会出现一些意想不到的问题，导致群众拒绝接收，严重影响退还工作。根据这些实际情况，工作组认为让乡村等土地权属单位充分参与到复垦工作中来，是工作取得实效的关键，是顺利退还的基础。因此，焦作市主要采取了以下两种工作方式：

1）以马村区、温县为代表的，由县（区）领导小组或县（区）征迁主管部门与乡（镇）办事处签订复垦工作目标责任书，明确责任单位、任务目标、时间节点、复垦要求等，由乡（镇）办事处组织辖区内临时用地权属单位，按复垦方案开展工作。如未完成复垦任务，由此引起上访、阻工、延期等问题，将由有关单位和人员负责，并严肃追究。

2）以博爱县为代表的，由县、乡、村签订三方复垦协议，根据协议规定，形成"县指导、乡监督、村实施"的工作机制。协议规定了三方责任：村委职责是按照《实施规划》要求，负责编制临时用地复垦方案，报乡（镇）审批，按时组织完成复垦工作和资金使用、核销工作，复垦完成后向县调水办提出复垦验收申请，接受检查验收；乡（镇）政府职责是负责审核村委编制的临时用地复垦方案，协调解决复垦过程中出现的各类问题，支付复垦费用，并监督、落实资金的使用情况；县级征迁机构职责是负责按标准及时拨付复垦费用，指导乡、村规范、按时完成复垦工作，复垦完成后，负责组织相关单位及人员进行复垦检查、验收。由于职责明确，落实到位，这种三方签订复垦协议的工作方式有效促进了复垦工作顺利开展。

5. 多方参与、确保退还，把握好验收环节

（1）把握节点，确保质量。各县（区）以"及时复垦、及时退还、按时耕种、群众满意"为原则，切实把握耕作季节节点，确保按照农时退还用地。尤其重视退还土地质量，保证腐殖土回填到位、肥料达标、道路畅通、水电恢复，为群众顺利耕种、及早收益创造条件。

（2）各方参与，共同验收。临时用地复垦完成后，复垦实施单位应及时向县级征迁机构提出书面验收申请，县级征迁机构组织复垦实施单位、监理、设计等组成验收组，并吸纳相关乡（镇）办事处代表、村民代表参加。验收合格后，由县级征迁机构组织退还原土地权属者使用，并及时办理退还签证手续。

（3）及时整改，确保退还。复垦验收不合格的，验收组根据复垦实施方案提出整改意见，责令复垦实施单位限期整改后重新申请验收，由此增加的相应费用，由复垦实施单位承担。

（4）跟踪问效，重视民生。由于临时用地使用周期长，涉及问题多，自然条件限制等情况，临时用地真正恢复到被征用前的标准将是一个逐步实现的过程。因此，在将土地复垦退还给权属单位使用后，我们的工作仍未结束，从关注民生的角度，对已复垦退还的土地继续跟踪问效。

对地力恢复、土地流转和复垦效益继续进行跟踪，通过现场调研、争取资金扶持、建设小型水利灌溉设施、改善耕作条件等，提高土地使用效果，避免因地力未恢复到征用前、土地流转等形成不稳定隐患，维护群众切身利益，受到了沿线群众的好评，充分发挥了南水北调这一民生工程的正能量。

三、思考与启示

（1）全局意识与统筹谋划的价值。焦作市在临时用地复垦与退还时，从客观整体的利益出发，从规划之初就站在全局角度看问题、想办法，统筹谋划、统一安排，选取焦作市东部地区煤矿塌陷坑、西部地区高速公路取土坑及窑坑作为工程的弃土场，变废为宝，增加了耕地，服务了沿线群众生产生活，可谓一举多得，实现了南水北调工程资源利用的最大化。

（2）实践、创新与担当的意义。谋事要实、创业要实是"三严三实"中的两项要求，其核心一方面是指做工作中要求真务实、实事求是，要把上级精神与本地实际有机地结合起来，把对上负责与对下负责结合起来，创造性地开展工作；另一方面是指要脚踏实地、真抓实干，敢于担当责任，勇于直面矛盾，

善于解决问题，努力创造经得起实践、人民、历史检验的实绩。这对现实工作有很强的指导意义，为谋划事业和工作时的行为取向指明了方向。焦作市让乡村等权属单位参与到复垦中来，创造性地探索出了以马村区、温县为代表的和以博爱县为代表的两种工作方式，符合实际，责任明确，乡村积极性高，充分保证了临时用地能够按时退还、及时耕种，让群众满意，取得了良好效果。

京石段工程弃土弃渣临时用地方案变更实例（河北省）

河北省南水北调办公室

贾志忠

一、背景与问题

南水北调中线干线京石段工程河北省境内（石家庄至北拒马河段）起点为石家庄市新华区的古运河，终点为京冀交界处的北拒马河中支南，渠段总长227.391km。在南水北调中线干线一期工程建成通水前先期建设，利用河北省的岗南、黄壁庄、王快和西大洋4座大型水库，向北京市应急供水。分别利用岗南、黄壁庄水库的石津干渠，王快水库的沙河干渠以及西大洋水库的唐河干渠，将上述4座水库与南水北调中线干线京石段总干渠连通，水库水源可通过连接工程和京石段总干渠应急输送到北京市，以缓解北京市水资源短缺状况，应对突发缺水情况。

京石段工程征迁安置涉及石家庄市的新华区、正定县、新乐市和保定市的定州市、曲阳县、唐县、顺平县、满城县、徐水县、易县、涞水县、涿州市等2个设区市、12个县（市、区）、43个乡（镇）、189个行政村，涉及搬迁单位14个、企业30家；工程规划永久征地5.02万亩，临时占地6.71万亩。

京石段工程2003年12月开工建设，先期开工了滹沱河倒虹吸工程、古运河枢纽工程、唐河倒虹吸工程、漕河渡槽段工程、釜山隧洞工程，随着干渠工程建设全线铺开，弃渣、弃土、取土临时用地的提供成为地方征迁的当务之急。

京石段河北省境内工程弃土总量4428万 m^3，弃渣总量1399万 m^3，松方弃土弃渣总量8030万 m^3。按国家批复的设计原则，总干渠渠道开挖弃土弃渣按临时用地、沿渠道就近征用临时用地，堆高3m后复垦，设计中未明确具体的弃土取土位置。这样带来三个问题：一是占压大量农田，其中多数是基本农田；二是对原有交通、灌溉体系破坏严重，群众难以接受；三是许多区域弃渣后不可复垦，群众难以接受，国家保护耕地政策不允许。解决弃土弃渣临时用地遇到的问题，及时提供临时用地成为保障工程建设的关键。

二、主要做法

1. 落实责任

京石段临时占地问题不仅涉及沿线群众利益和土地政策、耕地保护，而且也严重影响着京石段工程建设进程，更关系到沿线社会稳定，尽快妥善解决京石段临时占地征用问题迫在眉睫。根据国家与省级政府签订的责任书和项目法人与省级主管部门签订的任务与投资包干协议，临时用地的征用工作由地方征迁主管部门负责，即由地方征迁主管部门征用后交建设管理单位使用。根据临时用地征用政策，京石段应急供水工程确定了由县级征迁主管部门、建设管理单位和村集体签订使用协议，即县级征迁主管部门负责补偿费兑付、建设管理单位按协议要求使用；县征迁主管部门与县国土部门签订复垦协议，确定复垦责任单位，在完成复垦并经有关部门验收后退还原经营者的临时用地征用工作体制。

2. 设计变更

在国务院南水北调办多次协调下，河北省南水北调办与南水北调中线建管局积极沟通研究，河北省各级南水北调征迁安置主管部门靠前工作，结合各地自身实际情况，本着实事求是、方便和满足施工、保护耕地、节约用地、节约投资的原则，多方探寻解决途径。

（1）在总干渠两侧，利用废弃坑塘、低洼地、未利用地和较差耕地等，分散堆放弃土弃渣，优化临时用地方案，组织开展相关工作，配合设计单位编制完成了符合实际、群众接受、切实可行的弃土弃渣临时用地征用方案。市、县南水北调工程建设委员会办公室会同设计、监理、建管单位，按此意见协商落实了绝大部分的临时用地弃土弃渣方案。各级南水北调征迁主管部门从保障工程建设用地出发，重点加快取土场和弃土弃渣场征地进度，经现场协调，与建设管理单位达成一致意见的临时用地，均在较短时间内完成征用工作。

（2）改变筑堤方案，减少临时占地数量。京石段渠道原规划的砂土段均为换土筑堤方案，需征用大量的取土场，对土地破坏极其严重，征用难度较大，甚至有些区域无土可取，经论证改变筑堤方案后方解决了这一难题。

（3）变征用砂石料场为采购。京石段原规划砂石料场面积为 3000 多亩，由于所规划的料场，有的是规划阶段即已开采生产，有的在工程开工建设前投产，按临时用地方式征地进行开采已不现实，经多方研究确定将原规划的"征用砂石料场"全部改为市场采购砂石料。

（4）对部分弃渣无法按临时用地解决的，采取重大设计变更，变临时用地为永久征地。

以保定为例，京石段保定市境内临时用地规划征用 4.5 万余亩，2006 年 12 月初，根据上报的弃土弃渣占地确认意见，由南水北调中线建管局牵头，省、市、县南水北调办、设计和监理单位组成的联合调查组，利用 7 天时间，对境内弃土弃渣占地进行实地查勘，按运距长度逐块确定了弃土弃渣场临时用地面积及地块，同时确定了临时用地变更为永久征地的数量规模近 3000 亩，其他均按临时用地进行征用，累计完成临时用地征用 2.76 万亩，陆续移交建设管理单位。至工程建设完工，京石段其他工程累计完成临时用地征用 3.69 万亩。加上 5 个控制性建筑物工程，京石段工程累计完成临时用地征用 4.12 万亩。

三、思考与启示

（1）认真贯彻落实南水北调征迁安置管理体制，是做好征迁安置工作的根本。南水北调工程征迁安置实行"国务院南水北调工程建设委员会领导，省级人民政府负责，县为基础，项目法人参与"的管理体制，河北省认真贯彻落实体制，把征迁安置工作的责任层层落实，抓住了征迁安置工作的根本。

（2）实事求是依照程序进行征迁设计变更工作，是做好征迁安置工作的关键。京石段工程作为应急供水工程是中线工程开工最早的工程，前期工作存在不足。河北省各级南水北调办与项目法人密切配合，实事求是地开展征迁安置设计变更工作，抓住了推进征迁安置工作的关键。

（3）紧紧依靠地方政府开展征迁安置工作，是做好征迁安置工作的保障。南水北调工程征迁安置工作涉及国土、林业、水利、交通、电力、通信、文物等诸多行业，与工程沿线群众生产生活关系密切，河北省在各级政府的领导下，发挥各行业部门的作用，发挥基层组织的作用，保障了征迁安置工作的顺利实施。

天津干线保定段临时用地征用退还实例
（河北省）

河北省保定市南水北调办公室

耿子鑫　李建英

一、背景与问题

天津干线保定市境内全长 76km，途径徐水、容城、白沟新城、雄县共四个县（区），涉及 9 个乡（镇）、42 个行政村、14 万人。除 300 多亩永久占地外，临时用地达 1.5 万多亩。需迁建居民房屋 1.8 万 m²，坟墓 3000 多座，移栽树木 30 多万株，迁建工矿企业 8 家、村组副业 58 家，切断及恢复村级以上道路 218 条，迁改 0.4kV 以下电力线路 106 条，迁改通信广播线路 110 条，穿越输油输气管道 2 处。由于天津干线工程用地呈线性分布，在如此狭长地带，征用如此数量的临时用地，且工程完建后还要将临时用地复垦并及时退还被征地户，"补偿标准难定、征迁影响众多、群众工作复杂、后期问题难测"是该类征迁工作的特点，征迁安置难度大。

二、主要做法

面对天津干线临时用地征用退还的艰巨任务，在保定市委、市政府的高度重视和正确领导下，保定市南水北调办会同沿线涉及的县（区）政府依照南水北调征迁政策，组织沿线各县（区）南水北调办，扎实开展临时用地征用，及时提交工程建设临时用地，严格临时用地使用管理，规范开展临时用地复垦，保质保量退还并解决退还过程中出现的问题，保障了工程建设顺利实施和沿线群众利益，有效防止了土地资源的品质下降和流失。

（一）临时用地征用

按照河北省南水北调工程建设委员会第三次全体会议明确的"天津干线 2009 年 12 月底前提交 60％工程建设用地、2010 年 3 月底全部提交工程建设用地"的工作目标，保定市南水北调办组织沿线县（区）南水北调办于 2009 年 8 月启动了天津干线外业勘界核查、补偿方案制定等一系列工作，并通过以下步骤开展了临时用地征用。

1. 科学制定实施方案

根据核查成果，按照河北省南水北调办印发的《南水北调中线干线河北省境内工程征迁安置方案编制大纲》要求，根据国务院南水北调办关于天津干线工程保定段初步设计报告（概算）的批复意见，参考保定市南水北调总干渠包干标准以及境内京石高铁、荣乌高速等大型基础设施建设征迁补偿标准，按照"政策保持一致、标准基本持平"的原则，保定市南水北调办对天津干线保定段征迁安置各类补偿标准及税费计列进行了测算，拟定了保定市的征迁安置补偿标准草案，并下发到有关县（区）政府征求意见。在征求有关县（区）政府意见的基础上，保定市南水北调办又先后开展了多个方案的测算。征得河北省南水北调办原则同意后，形成天津干线征迁安置实施方案上报稿，上报保定市政府审核。市政府审核后，上报并通过河北省南水北调工程建设委员会审批，为天津干线实施征迁安置提供了科学的工作依据。

2. 强力推进土地征用

实施方案批复后，保定市南水北调办制定了《天津干线保定段分县征迁安置任务与投资包干方案》，经保定市南水北调建设委员会批准后，2009 年 11 月 27 日，实行了任务、投资与各县（区）包干；保定市政府与各县（区）政府签订责任状，明确县政府为辖区内南水北调中线一期工程天津干线征迁安置工作的实施主体，对辖区内征迁安置工作负总责，县政府主要领导是第一责任人。要求沿线政府认清形势，加强领导，精心组织，全力推进征迁安置工作有序开展。随后保定市南水北调办根据制定的《征迁安置兑付方案编制大纲》（简称《兑付方案》），按照"基本合理、群众接受"的原则，指导各县（区）完成了《兑付方案》编制。2009 年 12 月 8 日，保定市南水北调工程建委会将《兑付方案》批复各县（区），各县（区）政府随即召开了征迁安置实施动员大会，部署具体工作，全面掀起了天津干线的征迁安置工作高潮。

3. 细致扎实做好基础工作

征用临时用地与群众的切身利益密切相关，为此，保定市南水北调办组织、要求各县（区）南水北调办一定要高度重视，认真细致地做好临时用地征用的各项工作。

（1）优化临时用地。按照"方便和满足施工要求，减少对当地居民影响、节约集约用地、经济合理"的征用原则，保定市南水北调办在开展征迁外业勘界核查前，召开会议要求各县（区）南水北调办要会同设计、建管单位和监理单位，逐块落实征地位置、规模，明确使用用途和占用时间，优化、细化用地方案，最大限度地避让高价值作物种植区和房屋住宅，切实提高临时用地方案的可操作性。待工程建设过程中确需新增临时用地，由建管单位统一向保定市南水北调办申请，保定市南水北调办组织设计、监理、县（区）南水北调办现场逐块甄别、优化、征用二批临时用地，以节约征迁资金，使每一分钱都用在"刀刃"上。

（2）精准用地资料。细化入户是临时用地开展补偿的基础工作。在这项工作中，既要解决地块的边界纠纷，还要精确测量各户征用亩数，处理不好影响整村土地征用。保定市南水北调办统一联系勘界单位利用 GPS 对征用土地进行细化入户，并要求绘成地块拼接图，将左邻右舍梳理清楚。协调各县（区）南水北调办与勘测单位签订协议。使用 GPS 对征用农户的土地进行实地细化勘测，替代卷尺丈量、人工计算环节，节约人力、物力资源，降低劳动强度，加快进度。利用电脑成图系统，快速、准确计算出各类不规则形状土地的面积，实行"每户一图"（征用范围图）、形象直观，"每户一表"（面积确认表），化解群众对是否"一把尺子量到底"的怀疑心态和抵触情绪，以保证公平、公正，成果精确。

（3）阳光依规操作。保定市南水北调办要求各县（区）要严格按照《河北省南水北调中线干线工程建设征地拆迁安置暂行办法》开展征迁工作。兑付前要将被征用地户姓名、征用地数量、补偿标准及补偿金额在被征收土地的乡（镇）、村向群众公示，接受群众监督。严格资金兑付程序，认真组织乡（镇）政府、村集体经济组织，填写河北省南水北调办统一印制的分村、分户资金兑现卡，实行一户一卡制。出现错、漏项问题由县征迁主管部门组织有关乡（镇）、监理单位按规定程序进行确认修改，占压实物量变化和补偿兑付，需经监理单位签字后，方可开展后续工作。

（二）用地使用管理

为规范临时用地使用，防止野蛮用地，夯实复垦基础，保定市南水北调办主要采取了以下措施：

（1）规范用地协议。研究编制具有可操作性的临时用地协议范本，并印发到县（区）。要求各县（区）南水北调办组织签订由用地、供地、监督三方组成的临时用地协议。施工单位为用地单位（甲方），村为供地单位（乙方），县（区）南水北调办、建管单位为监督方。协议签订后，县（区）南水北调办负责按期组织有关单位办理移交手续，填写临时用地移交表。

（2）明确各方责任。要求用地（施工）单位在使用过程中，要按照临时用地使用技术要求规范使用临时用地，不得转让、出租、抵押和改变用途；必须将占地范围内表层腐殖土单独堆放；根据工程建设情况，允许用地（施工）单位提前退还临时用地，如需延期使用，要于临时用地使用协议期满前向县（区）南水北调办、建管单位（监督方）书面申请延期，待核实后，监督方及时组织相关单位另行签订延期协议。要求村级（供地单位）要及时将占地补偿款兑付到户，协调做好涉及群众的思想工作，加快地面附着物清除进度，及时提交建设用地，并保证施工单位正常使用。要求各县（区）南水北调办、建管单位（监督方）切实履行监督责任，监督施工单位按承担的责任，规范有序使用临时用地，发现施工单位违规使用的，要求立即整改。努力创优建设环境，及时会商协调解决各类问题，确保工程建设顺利进行。

（3）严格巡视检查。指导各县（区）南水北调办会同建管单位、征迁监理单位组成联合小组，定期对工程沿线临时用地使用情况进行巡检。首先量测腐殖土是否剥离到位。第二查看是否单独堆放，并进行苫盖。第三查看表层土以下，箱涵沟底以上部位开挖的土方与腐殖土是否分别堆置，严防混掺。第四查看各类土方看管是否到位，是否有丢失现象。第五检查腐殖土下土方回填范围、高程是否到位，建筑垃圾是否清理完毕，核检无误后才允许回填腐殖土，进行复垦。第六开展群众监督，坚决查处渣土混填等不良用地问题。

（三）临时用地复垦

保质保量完成临时用地复垦，是确保按时、顺利退还入户的前提。保定市南水北调办把复垦工作作为征迁安置工作的重要环节，紧抓不放。

（1）明确责任抓复垦。为切实做好天津干线临时用地复垦工作，2010年9月，安排完成了临时用地复垦设计方案的编审工作，并及时批复到各县（区）南水北调办。随后，印发了《关于做好天津干线工程临时用地复垦工作的通知》，强调：临时用地复垦是征迁安置工作的重要组成内容，各县（区）南水北调办是复垦工作的第一责任单位，是复垦施工合同的甲方，负责按合同规定管理复垦工程实施、拨付复垦工程资金。各建管单位是复垦工程的协助管理单位，监督施工单位规范使用临时用地，组织施工单位合理安排复垦施工计划，配合县（区）南水北调办控制复垦施工进度和质量。依据"谁用地、谁复垦"的原则，各标段主体施工单位是复垦的施工单位，在复垦监理的监督下，负责按照复垦设计保质、保量、按时完成临时用地复垦任务。明确天津干线复垦程序为：①由建管单位组织施工单位根据主体工程完工情况，编制复垦施工计划，明确复垦和退还时限；②由县（区）南水北调办组织建管单位、施工单位签订复垦施工三方协议，并在主体建管单位协助下实施复垦施工管理；③由施工单位按照协议规定和复垦设计，在监理的监督下保质保量按时完成复垦施工，并提交复垦验收申请。从而为复垦工作开展提供了明确的政策和标准。

（2）上下联动促复垦。按照《天津干线保定段征迁安置实施方案》中计列的临时用地补偿时限，2011年8月，保定市南水北调办印发了《关于及时开展天津干线临时占地复垦工作的通知》，组织各县（区）南水北调办、建管单位、施工单位、征迁监理、复垦监理，召开天津干线保定段临时用地复垦会议，对复垦工作进行安排部署。

（3）合力攻坚保复垦。2013年4月15日，保定市南水北调工程建设委员会印发了《关于做好天津干线临时用地复垦退还工作的通知》，要求沿线县（区）政府在复垦退还工作中要进一步加强领导、加大力度，创优环境、保障复垦退地快速开展，极大地强化了县（区）政府抓复垦工作的责任意识。

法人单位与地方征迁部门的相互支持、相互协作，形成了临时用地复垦工作的强大合力，正是这一合力的推动，天津干线保定段临时用地复垦工作，才取得了圆满成功。

（四）临时用地退还

临时用地完成复垦后，"及时退还不误农时、群众认可基本满意"是衡量天津干线征迁安置工作成功与否的关键标准。保定市南水北调办要求各县（区）南水北调办要严格管理、多措并举，强力推进临时用地退还进度。

（1）严格落实验收制度确保质量。施工单位自检合格后，向县（区）南水北调办提出验收申请，县（区）南水北调办组织成立由建管单位、施工单位、复垦监理、乡（镇）、村有关人员组成的复垦质量联合验收小组，共同到现场以村为单元进行检查验收。特邀涉及村组群众代表参加验收，征求意见。外观检查复垦范围、高程、工序是否符合设计要求。验收合格的办理退还手续，进入退还入户程序。有不同意见的明确记载，存有瑕疵的限时整改，整改完成后再组织进行验收，以确保复垦质量。

（2）统一组织，细化入户，加快进度。根据临时用地征用时勘测的"每户一图"（征用范围图）坐标，县（区）南水北调办统一委托勘界单位对已完成复垦并验收合格、具备退还条件的临时用地，用GPS进行勘测，并撒白灰线标明退还被占地户土地的范围、面积。乡（镇）、村组织涉及农户现场核实确认无误后，农户在退还移交表上签字确认。通过实施，达到退还顺利、进度快、一次性退还到位的效果，避免土地耕种界线、权属纠纷的发生。

（3）集中发放熟化期补助，增强退还吸引力。天津干线临时用地实行"占一季补一季、影响一季补一季"的补偿政策，退还时间仅仅局限于按时令节气耕种农作物前有限的时间内，时间紧、任务重。稍有滞缓就可能影响下一季种植，发生延期补偿。充分调动农户接收临时用地的积极性至关重要，各县（区）南水北调办将复垦退还后，把分三次拨付被占地户的三年熟化期补助打捆成一笔一次性拨付，极大调动了临时用地退还进度。

通过以上方法和措施，截至 2013 年 4 月底，天津干线保定段 1.5 万多亩临时用地全部完成复垦并退还到户。

（五）后期问题处理

对于临时用地表层有监测孔出露地面，给群众耕作出行带来不便的问题，由所涉县（区）南水北调办摸清数量，参照已完成的电力设施迁建中电杆埋设占地补偿的方式方法，编制监测孔影响一次性补偿方案，报市南水北调办审批后执行。

对于临时用地过程中切断的道路和损坏的农田水利设施，保定市南水北调办将两项恢复工程作为县级专项，组织各县（区）编制了道路复建及水利设施恢复方案，通过公开招标选择了道路复建及水利设施恢复队伍，按基建程序管理施工，保证了工程质量，达到或超过了原来道路及水利设施功能。

随着群众接收临时用地后顾之忧的消除和利益不断得到保障，不仅使临时用地退还工作得到了扎实开展，而且有效维护了沿线社会稳定和工程平稳运行。该经验做法还被保定市境内南水北调配套工程征迁安置采纳、应用。

（六）实施效果

天津干线保定段临时用地征用及退还工作已经过去 3 年，回顾曾经走过的工作历程和 3 年来沿线群众对临时用地退还后的耕种反映，保定市开展天津干线临时用地征用和退还的实施效果主要有以下几个方面：

（1）主体工程顺利建成。及时提交建设用地是确保天津干线主体工程顺利建设的保障。通过保定市南水北调办精心组织，各县（区）南水北调办具体实施，清除地面附着物后，根据施工需要陆续分批、分段将临时用地移交施工单位。为工程顺利建成通水提供了坚强的保障。退地后积极解决各种问题保证了运行安定。截至 2017 年，天津干线保定段已平稳的向天津供水 3 年多。

（2）土地资源得到保护。在满足工程建设需要的前提下，通过优化临时用地征用方案，强化临时用地使用管理，严格复垦工程质量，按程序退还临时用地，使被征用土地保持了原有的质量，没有一分一厘浪费和土地流失现象发生，有效利用和保护了珍贵的土地资源。

（3）沿线群众基本满意。临时用地按季补偿产值，全线统一标准，每次补偿均张榜公示，确保阳光透明、公平合理。在临时用地复垦环节，保定市南水北调办组织各县（区）严格按设计内容、质量要求进行控制，确保不低于征用前地力水平。退还后经过 3 年的检验，临时用地种植的农作物大体上长势良好，基本达到预期效果，群众基本满意。

三、思考与启示

通过开展南水北调天津干线保定段临时用地征用、退还工作，感觉临时用地征用、退还是一项复杂的系统工程，这项工作不仅涉及当地习俗和多项法律法规，还涉及多个领域多项知识，更在每个环节上体现着党和国家的政策和形象，必须在工作的推进中不断探索、不断完善、不断提高。

（1）维护群众利益是做好临时用地征用退还工作的根本。土地是农民的命根子，天津干线临时用地的征用退还直接关系着群众的生产生活，对于群众提出的问题必须认真对待，实事求是地采取措施予以解决。

（2）严格依照程序是作好临时用地征用退还的保障。临时用地征用退还工作，对保定市南水北调办和工程沿线各县是一项全新的工作，在工作中必须严格依照法律、法规、政策、规范、规定的标准、程序工作，才能保障临时用地征用退还工作顺利进行。

南水北调总干渠临时用地规范管理
（河南省）

河南省政府移民办公室

张西辰　孙爱民

一、背景与问题

南水北调中线工程总干渠河南段全长 731km，临时用地面积 20.5 万亩。

征用任务量大，而且存在多种困难。一是用地类型繁多，包括施工营地、取土场、弃土弃渣场、砂石料场、临时堆土场、施工道路（进场道路、绕行道路）等，不同的临时用地使用和复垦均有不同的要求，给临时用地管理带来很大的挑战。二是征用难度大，因担心复垦质量、影响以后地力恢复，部分群众对征用临时用地不积极，甚至有抵触情绪，征用工作难度加大。三是工作时间紧，由于河南省黄河南大部分渠段初设批复晚，工程开工在即，临时用地征用移交时间紧，工作强度大。

在最先开工的安阳段，因个别施工单位对临时用地的使用不规范，整改任务艰巨，基层复垦困难，群众意见很大，与建管和施工单位产生矛盾，也给返还复垦、退还耕种造成了障碍，如不及时解决，不仅会影响工程建设的顺利进行，而且将造成很大的社会问题。随着南水北调中线工程各设计单元全面开工建设，参建队伍急剧增加，临时用地大面积移交，规范临时用地的使用和加强复垦管理成为河南省征迁安置管理工作的重要任务之一。

二、主要做法

（一）深入现场调研、寻找问题原因

南水北调中线工程作为国内战略性的调水工程，临时用地规模大，其使用管理是从未遇到的全新课题，没有现成的经验可供借鉴。为做好临时用地的使用管理，河南省政府移民办公室（简称省移民办）边实践、边探索、边总结，针对实践中遇到的新情况、新问题、新变化，本着客观公正、实事求是、解决问题的原则，既要保证工程建设需要，也要维护群众切身利益，积极研究探索

新思路、新办法、新对策。

河南省移民办多次深入到安阳、新乡、焦作、南阳等地的征地现场调研，宣传工程建设的重要意义，与基层征迁干部和群众面对面座谈，了解群众反映的实际问题和要求。召开各建管、市、县两级征迁机构、征迁设计、征迁监理单位和施工单位参加的现场工作会议，分析问题原因，谋划解决措施。编制了《河南省南水北调中线干线工程建设临时用地使用规定和复垦措施》，作为今后临时用地规范使用和复垦的依据。

（二）建立责任明确的管理体制

总干渠河南段临时用地管理体制为：省移民办与南水北调中线干线工程建设管理局（简称中线局）签订包干协议，负责总干渠临时用地的统一组织管理；地方政府和征迁机构负责临时用地的征用和移交；建管单位负责使用和管理；使用完毕的临时用地由建设单位返还给市、县征迁机构；市、县征迁机构组织复垦；复垦完毕的临时用地退还农村集体经济组织或产权人耕种。

2013年下半年，河南省移民办会同中线管理局组织参建各方和市级征迁机构成立了南水北调中线干线工程（河南段）临时用地返还工作领导小组；各有关地省辖市成立了由河南省移民办分管副处长为组长的南水北调中线干线工程建设临时用地返还工作组，专项协调处理临时用地使用问题，推动临时用地返还、复垦、退还工作。

（三）明确用地管理程序

省移民办制定的临时用地管理程序是：下达用地计划、确定用地方案、编制补偿清单、用地移交、使用、返还和复耕退还的临时用地计划管理程序。其中对于临时用地使用和复耕制定了相关管理办法，而移交、返还、退还过程还需要有关方参加并办理相关签证手续。

1. 下达用地计划

分为三种方式：

（1）现场建管单位向省移民办提交用地计划。对于开工较早的渠段，征迁实施规划中已明确位置范围和具体地块的临时用地，建管单位根据工程进度向省移民办提出用地申请，省移民办据此向市、县征迁机构下达用地计划和征迁资金。

（2）现场建管单位向市、县征迁机构提交用地计划。在2010年年底，为保证总干渠实现黄河以南连线建设的目标，经与中线局商定，对黄河以南剩余临时用地采取一次性移交。对这批临时用地，凡是实施规划已明确具体地块的，省移民办将征迁费用预拨市、县，建管单位直接向市、县征迁机构提交用地计划。

（3）现场建管单位向项目法人提交用地计划。对大规模移交用地后还需使用的临时用地，以及实施规划中尚未明确具体地块的临时用地，由建设单位分别向中线局河南直管局、河南省建管局提出用地申请，中线局河南直管局、河南省建管局再向中线局提出用地申请，中线局经审定后向省移民办发函，省移民办据此向有关市、县下达用地计划和征迁资金，市、县征迁机构组织移交。

2. 确定用地方案

由于各渠段开工时间早晚不一，前期工作程度深浅不同，在用地方案确定时也是分三种情况进行处理。

（1）按实施规划落实。凡是征迁安置实施规划中已明确具体用地方案、且基层没有异议的，在临时用地征迁时按实施规划确定的用地方案进行落实。

（2）有关各方参与，共同确定。在黄河南大规模移交临时用地时，因时间非常紧迫，对于实施规划中没有明确具体用地方案的临时用地，由征迁设计单位负责，市、县征迁机构和现场建管单位配合，征迁监理单位参与，现场共同确定用地方案，以满足临时用地移交需要。

（3）县级征迁机构牵头。工程变更新增的临时用地，由县级征迁机构牵头，做好基层工作，现场建管、征迁设计、征迁监理等单位参与，共同确定用地方案。

3. 编制补偿清单

征迁设计单位根据实施规划明确或有关各方共同确定的用地方案，进行实物指标复核，编制补偿清单，交市、县征迁机构，作为向被占地村组支付补偿的依据。

4. 用地移交

县级征迁机构接到征迁设计单位提供的补偿清单后，组织有关乡村，开展征用工作兑付补偿资金；临时用地移交时，市、县征迁机构和有关乡、村，现场建管单位、施工单位、征迁设计、征迁监理单位现场见证，办理《临时用地移交签证表》，作为临时用地移交、使用和返还的依据。

5. 用地返还

对已经使用完毕的临时用地，由施工单位报现场建管单位申请返还。现场建管单位会同市级征迁机构组织县级征迁机构、征迁设计、征迁监理单位、施工单位和有关乡村现场察看，符合返还条件的返还给县级征迁机构，办理《临时用地返还签证表》；不符合返还条件的，由现场建管单位负责整改或在《临时用地返还签证表》中注明问题，明确责任，落实整改资金，交县级征迁机构实施，整改完成后返还。

6. 退还耕种

市县征迁机构组织完成复垦后，将临时用地退还产权人耕种，办理《临时用地退还签证表》。至此，临时用地物归原主，征迁机构的责任全部完成。

（四）规范临时用地使用

在临时用地使用管理上，省移民办经历了不断探索的过程。如安阳段、黄河北其他渠段和开工较早的黄河南部分渠段，工程招标文件中未对临时用地使用管理作出明确的规范要求，省移民办会同中线局，组织建管、市、县征迁机构、征迁设计、征迁监理有关各方研究制定了《河南省南水北调中线干线工程建设临时用地使用规定和复垦措施》。后开工渠段，将临时用地规范使用的要求写入招标文件。

关于临时用地规范使用的主要内容有七个方面：

（1）划边定界。使用临时用地（弃土区、取土区、施工营地、施工道路）前，由工程建管单位负责在用地范围边界设置能够直接辨认的标识，并负责在临时用地使用期间的损毁修复。

（2）地表清理。由工程建管单位负责将地面不适宜耕作的杂物（废弃建筑材料等）清理干净。

（3）耕作层处理。施工单位对耕作层剥离厚度及存放、保管的要求。

（4）基础设施处理。用地范围内水利设施、道路的处理，35kV 及以上等级的输电线路下不得安排弃土区，已安排的应作必要的调整或采取相应保护措施。

（5）弃土处理。工程建管单位在弃土时，按规划控制弃土高度，分三层弃土碾压。上、中层土质和各层碾压遍数由县级征地拆迁部门负责监督。

（6）施工营地（包括生产区和生活区）和施工道路使用结束后，工程建管单位要将场内的建筑垃圾包括地坪清理至原土层，高度不够要运土回填至原地面以下 0.5m。

（7）临时用地使用结束后，工程建管单位商县级征迁机构办理土地返还签证手续，此后耕作层土壤保管任务由复垦部门承担。

（五）出台复垦管理规定

1. 制定复垦管理指导意见

为做好临时用地复垦管理工作，2012 年年底，省移民办组织有关方面，研究制定了《河南省南水北调中线干线工程建设临时用地复垦管理指导意见》，主要内容如下：

（1）中线局承担工程建设临时用地复垦的责任和义务，应当根据有关规定和协议、约定使用临时用地，采取科学合理的工程、技术措施，尽可能减少、降低土地破坏的面积和程度，严格落实表层土剥离、堆放和弃土处理措施，切实做到源头控制。

（2）省移民办受中线局委托，负责临时用地复垦工作的组织协调；有关市、县征迁管理机构负责本辖区临时用地复垦工作的组织实施。

（3）省移民办和中线局共同组织编制临时用地复垦方案。承担征地拆迁实施规划编制任务的设计单位，在市、县征迁管理机构和乡（镇）政府配合下，按有关规定编制临时用地复垦方案，并纳入征地拆迁实施规划临时用地复垦章节。

（4）根据批准的临时用地复垦方案，县级征迁管理机构委托有关方面开展复垦工作。

（5）复垦投资应严格按批准的临时用地复垦方案概算控制。复垦工程费用通过征迁系统逐级拨付到县级征迁管理机构。复垦费用由县级征迁机构包干使用，解决临时用地有关问题。

（6）临时用地复垦完成后，受委托方应及时提出验收申请，由县级征迁管理机构组织进行验收。验收合格后，县级征迁管理机构负责将土地退还原土地所有者使用，并办理退还手续。验收不合格的，责令受委托方限期改正。

（7）经验收合格的土地，原土地所有者和使用者不得拒绝接受。

2．复垦措施和标准

为确保临时用地复垦工作顺利进行，对复垦措施和标准提出四项要求：

（1）耕作层恢复。由复垦受委托方将使用前推出堆放的耕作层土壤摊铺、平整，适当碾压翻耕。

（2）灌溉设施恢复。包括机井配套、渠道的恢复。恢复机井原提水功能；结合临时用地使用前的水源，按原标准恢复灌溉渠道。

（3）道路恢复。根据原道路布局或结合实际情况优化布置，道路标准与原标准一致。

（4）排水沟恢复。结合复垦后的地形合理布置排水沟，结构尺寸结合实际情况确定。

（六）编制临时用地台账

为全面掌握总干渠河南段临时用地使用情况，针对临时用地使用中存在的问题，组织征迁设计、征迁监理、建管和施工单位，以市为单位开展了临时用地使用情况专项检查，对存在问题进行了全面梳理排查，摸清了临时用地底数和存在问题，并会同中线局和省建管局，以开工较早、临时用地问题整改及返还复垦工作中同时存在经验教训的安阳段为试点，以当年普查问题为基础，组织有关部门逐地块分析临时用地使用和返还工作中存在问题的原因，共同研究确定处理措施，编制了《安阳段临时用地使用情况和返还复垦计划台账》，并组织各有关省辖市和建管、设计、征迁监理单位，在安阳市进行了现场观摩和集中培训。

随后，省移民办印发了《河南省南水北调总干渠临时用地使用情况和返还复垦计划台账编制工作指导意见》（简称台账）。主要由省辖市征迁机构牵头，会同建管单位组织征迁设计、征迁监理和县级征迁机构现场调查，逐地块研究临时用地使用存在的问题、需要采取的整改措施、责任单位和返还、复垦、退还时间节点，完成临时用地台账的编制。通过此种措施，为移交的总干渠河南段 20.5 万亩临时用地建立了信息资料台账，便于各级征迁机构、建管单位掌控准确信息和问题及时处理。

三、思考与启示

（1）制度化是临时用地使用和退还顺利开展的保证。总干渠河南段临时用地移交了 20.5 万亩，涉及 8 个省辖市和 1 个直管县，要做到移交及时、使用规范、复垦满意，对工程建设意义重大，对征迁安置工作更是一个巨大挑战。为此，省移民办制定了用地管理程序，两个规章制度，并组织编制台账，施工单位能够规范使用，征迁机构可以照章监管和按例实施，减少了群众的担忧和不满，群众利益得到了保障，促进了社会稳定，临时用地各项工作也得以顺利推动。

（2）多方参与、责任明确是临时用地使用和复退顺利开展的动力。临时用地的使用和复垦涉及工程建设目标的实现和群众利益的保障，从建设单位到建管单位，从省移民办到市、县征迁机构以及征迁设计、征迁监理单位，施工单位都是全过程参与，全过程服务。通过制定规章制度，明确各方责任，在工作中各有关方加强协作，互相理解，切实做到"大事讲原则，小事讲风格"，紧紧围绕工程建设目标，服务工程建设，认真做好工作，圆满完成任务。

南水北调总干渠临时用地恢复期补助处理（河南省）

河南省政府移民办公室

李冀　刘新

一、背景与问题

河南省按照南水北调中线总干渠河南段工程建设需要移交临时用地 20.49 万亩，其中包括施工营地、取土场、弃土弃渣场、砂石料场、临时堆土场、施工道路（进场道路、绕行道路）等不同使用要求的临时用地。虽然建管单位及施工队伍基本按照相关规定规范使用临时用地，但由于移交用地量大、施工队伍多，临时用地使用中仍存在不少问题。

2013 年 3 月，河南省移民办会同南水北调中线干线工程建设管理局对总干渠河南段临时用地使用情况进行了全面检查。检查发现，各渠段临时用地不同程度存在着一些问题。其中，耕作层剥离（储备）、保管、质量存在问题的有 865 块 8.3 万亩，占总面积的 43.2%；保水保肥层有问题的 142 块 8054 亩，占 4.2%；分层、碾压有问题的 46 块 1.28 万亩，占 6.7%；弃土（渣）场超高的 21 块 5822 亩，占 3.0%；弃土（渣）场方量不足的 10 块 1212 亩，占 0.6%；取土场挖填不平衡的 6 块 1083 亩，占 0.6%；需采取水保措施的 88 块 2.76 万亩，占 14.4%；需要采取防洪排水措施的 52 块 2662 亩，占 1.4%；移交未用的 60 块 8279 亩，占 4.1%；超期使用的 529 块 3.93 万亩，占 20.5%；存在其他问题的 149 块 2 万亩，占 10.4%。

临时用地使用中存在的这些问题，使得绝大部分退还后的土地，在半年时间内很难恢复到被征用前的地力条件，容易导致出苗不均、个体不壮、减产减收，与相邻未征用地块比较，差异明显，给群众造成一定经济损失。如何减少问题影响，保证群众利益，保证总干渠沿线社会稳定成为征迁工作后期实施的难题。

二、主要做法

(一) 认真研究、出台相关规定

对于上述问题，省移民办要求建管单位切实发挥好建管之责，督促施工单位落实有关问题整改，使问题得到解决。如临时用地耕作层土方不足、土方补充及熟化（不包括施工营地、道路补充土方的熟化）责任由建设单位承担处理。

但是临时用地复垦退还给群众后，耕种的前几年肯定会有不同程度的减产损失，如生土熟化需要3年左右时间，第1年可恢复原生产收益50%，第2年可恢复30%，第3年可恢复20%。保水保肥层土壤板结，传统耕种需要2～3年时间可以恢复。

如何解决恢复期的减产损失，本着客观公正、实事求是、解决问题的原则，由征迁监理单位出具临时用地恢复期补助倍数的认定意见报各省辖市征迁机构，再由设计单位负责，实事求是调查、复核，提出处理意见，按程序报批。

(二) 临时用地恢复期补助费认定标准

临时用地恢复期补助最高补助两年产值，最低补助半年产值。原则上按以下标准补助：

(1) 施工道路、营地和临时堆土区按半年补助。

(2) 对于取土场，回填的土适宜种植，并且腐殖土符合要求，按1年补助；回填的土适宜种植，但腐殖土不符合要求，按1.5年补助；回填的土不适宜种植，腐殖土不符合要求，按2年补助。

(3) 对于弃渣场，腐殖土符合要求，能恢复原来生产条件，按1年补助；腐殖土符合要求，下部弃渣不符合要求，按1.5年补助；腐殖土和下部弃渣都不符合要求，按2年补助。

(三) 临时用地恢复期补助倍数 (年限) 的认定

按照省移民办有关要求，依据临时用地恢复期补助费认定标准，征迁监理单位会同市级征迁机构和建管单位组织县（市）级征迁机构、施工单位现场核实每一块临时用地。对县（市）级征迁机构反映部分特殊地块的问题，征迁监理单位依据实际情况出具意见，如温县提出有5块临时堆料场（规定半年补助标准）因为施工车辆碾压，保水保肥层土壤板结，施工单位返还时各方没有注意到这个问题，复耕退还耕种后庄稼长势差，雨水天积水淹地，群众生产损失较大，最后按照1.5年补助标准计算。

（四）坚持推动执行

总干渠河南段临时用地恢复期补助费按照新的标准计算，增加的资金较大。河南省移民办先后多次到各地市调研、指导工作开展。明确临时用地恢复期补助费按照征迁监理单位出具的清单计列的补助面积和补偿倍数为准，单价参照最新补偿标准执行，由市级征迁机构统筹安排包干使用，县（市）级人民政府依据本市县情况具体制定恢复期补助费使用办法，主要用于临时用地退还后，因地力不足给群众造成的产量损失，进行一次性补偿。同时考虑临时用地退还时需要解决的耕种、灌溉、生产道路等条件改善问题。

（五）恢复期补助费实施情况（以辉县市为例）

辉县征迁机构结合实际情况，经辉县市政府同意，制定了辉县市南水北调总干渠临时用地恢复期补助标准及后续问题处理办法，主要内容有：

1. 临时用地恢复期补助范围、标准和要求

（1）南水北调总干渠临时用地恢复期补助范围，仅限于被征临时用地的水浇地和旱地，其他地类一律不予补偿。

（2）临时用 140 地恢复期补助费的标准按照使用用途及地类划分，其中营地、堆料场、绕行道路、进场道路的补偿标准为：水浇地 1300 元/亩、旱地 700 元/亩。弃渣场及弃土填筑用地的补偿标准为：水浇地 1700 元/亩、旱地 900 元/亩。取土场及进场道路的补偿标准为：水浇地 2100 元/亩。

（3）恢复期补助费发放要求，必须是复垦后退还到乡、村，并且农户已开始耕种的土地。通过有关政策进行流转的土地，按流转协议执行；协议中未明确恢复期补助费归属的，原则上将补助费发放到农户（流转后的土地视为已分地到农户耕种）。

（4）村集体所有的土地恢复期补助费归村集体，主要用于解决该村与南水北调相关的问题和公益事业。

（5）水浇地、旱地地力恢复费：200 元/亩。该资金在临时用地复垦退还后，与批复的 200 元/亩恢复期生活补助费已一并预付到乡（镇）。

2. 退还的临时用地后续问题处理

辉县段南水北调临时用地，施工单位使用后通过建设单位返还到辉县市，在有关乡（镇）、村两委的积极配合下，临时用地复垦工程已基本完成，并退还到相关乡、村，但部分退还土地后续遗留的问题需进一步处理，使群众耕种更加便利。具体要求如下：

（1）后续问题处理范围，主要是弥补因国家项目未能实施造成的空缺、为抢农时集体统一耕种的费用、乡、村复垦时复垦工程以外的工程费用、改善退

还土地耕作条件以及小面积塌陷等，同时对在临时用地范围内进行结构调整发展高效农业予以扶持。

（2）后续问题处理审批程序，退还土地后续问题的处理，需由乡（镇）政府以文件形式上报市南水北调办公室，经征迁监理单位确认，报上级主管部门批复后实施。

3. 奖励措施

对退还耕种过程中，按照临时用地返还复垦计划台账时间节点，在村两委班子、征迁群众的积极配合下，工作措施有力，及时耕种起带头作用的先进村，拿出适当资金进行奖励，具体标准由市南水北调办根据实际情况核实，报上级主管部门批准后进行奖励。

从目前实施情况看，恢复期补助费使用发挥了很大作用，辉县市做到了有问题解决，没有问题不解决，小问题小解决，大问题大解决，大大促进了临时用地返还复垦工作的进度。涉及群众增加了收入，改善耕作条件，促进增产增收，提高沿线农民群众生活水平，受到了沿线群众的好评，充分发挥了南水北调这一民生工程的正能量。

三、思考与启示

总干渠河南段移交临时用地 20.49 万亩，其中取土场的使用，对群众耕种影响较大。卫辉市牛安都村取土场征用时群众抵触情绪非常大，因为这是群众唯一耕种的良田，担心退还后耕种无法恢复到使用前的收成水平。市、县两级多次做工作，群众就是不接受，用地无法移交，工期受到影响。省移民办负责同志亲自到牛安都村，用了一天时间与村干部、群众面对面对话，宣传、讲解临时用地使用和复垦的要求，解答群众的疑惑，打消群众的顾虑，保证群众的利益。如何切实保证群众的土地复垦耕种后收入不降低渐渐纳入征迁工作者的思考中。

恢复期补助费初步设计没有考虑，实施规划中河南省按照 200 元/亩的标准计列了费用。但临时用地使用中存在着耕作层土、保水保肥层、回填土碾压等诸多问题，使得绝大部分退还后的土地，一段时间内很难恢复到被征用前的地力条件，对群众生产影响较大。省移民办经过调研、听取各市、县征迁机构的意见，参照南水北调邻省的一些做法，结合用地实际情况，出台了恢复期补助费计算标准和使用规定。基层征迁机构按照要求及时组织实施，群众生活得到保障，生产逐步恢复，沿线社会稳定。

参与型耕地复垦设计机制在南水北调
工程的应用（山东省）

山东省水利勘测设计院

陈云霞　周明军　李斌　李莉　申云香　王建伟

一、背景与问题

南水北调东线山东段共有 11 个单项工程，分为南北、东西两条输水干线，形成"T"字形输水大动脉，干线全长 1191km，其中，南北干线长 487km，东西干线长 704km，涉及全省 15 个地级市、107 个县（市、区），供水范围 11.3 万 km²。其中，南水北调山东段南四湖—东平湖段工程、鲁北输水工程、济南—引黄济青段工程 3 个单项包含 15 个单元工程，涉及 8 个地级市、24 个县（市、区）。其中弃土临时用地 32815 亩，施工临时用地 6115 亩。

南水北调山东段工程线性布局为主的工程特点带来了临时用地条带状分布的特征。工程沿线涉及行政区域较多，临时用地跨越空间距离较大，地形地貌复杂，影响因素众多，损毁、污染程度不同，这为复垦设计带来了一定的难度。本段工程临时用地现状地类包括耕地、林地和其他农用地等，以耕地居多，占总面积的 82.1%，临时用地使用完毕需复耕退还，不存在被占地农民安置问题，但因土地占用对农作物的产量会有一定限制和影响，造成复耕退还难度增大。

二、主要做法

（一）参与型耕地复垦设计机制

针对临时用地存在的占地面积大、条带状分布、影响因素多、复垦难度大等特点，经系统研究提出了"参与型耕地复垦设计机制"。即在南水北调工程复垦方案的编制过程中，必须有省、市南水北调办事机构的组织、协调，县（区）南水北调办事机构、工程现场建管机构的积极参与，土地使用人（施工企业）、当地政府、土地所有人（相关村、单位等）等多方的广泛参与，参与各方在设计人员政策和技术的指导下进行充分座谈交流，在此基础上进行合理的临时用地复垦适宜性评价，经反复沟通确定技术可行、经济合理、切合当地实际的复垦措施。

（二）工作流程及要点

1. 参与型耕地复垦设计工作流程

在参与型耕地复垦设计机制中，各方积极参与到了包括现场调查、复垦方向的确定、复垦措施的拟定以及方案的协调论证等复垦方案编制的各个环节中，真正体现了全过程参与，如图1所示。

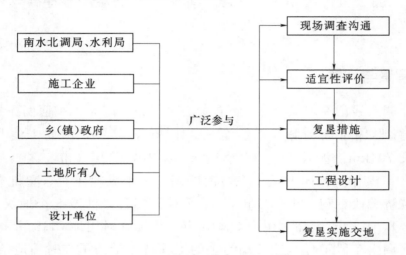

图1　参与型耕地复垦设计机制工作流程图

2. 复垦设计工作要点

以济南—引黄济青段输水工程历城区小河套村西弃土区为例进行复垦典型设计说明。

（1）用地现状调查。用地现状调查的目的主要是了解工程建设破坏土地的背景数据。现状调查过程中，在省、市南水北调办事机构的组织协调下，现场建管机构、县（区）南水北调办事机构、土地所有人、设计人员、测量人员等运用 GPS 实时动态测量（RTK）技术并结合工程总平面布置对工程临时用地的土地利用现状逐村逐地块进行共同调查。

小河套村西弃土区位于明渠段工程干渠左岸，桩号 8+833 附近，该地块南北长约375m，东西平均宽约247m，面积134.79亩，地面高程21.7~22.0m。

（2）土地损毁分析。根据工程建设的生产工艺及流程，分析说明施工过程对土地损毁的形式、环节及时序。弃土区弃土的堆放，扰动并破坏了原自然稳定的地形地貌，降低了土地的生产能力，弃土过程中表层土壤的裸露或松散堆积，失去了原有植被的防冲、固土能力，增加了新的水土流失。施工临时用地存在不同程度的碾压、压实、硬化及污染等问题，破坏了原土壤的物理、化学性质。

小河套村西弃土区范围内现状为水浇地，工程建设对土地的破坏主要为压占，原有灌溉体系、对外交通道路及田间耕作道路网络被打破。

（3）复垦适宜性评价。根据现场调查结果，对弃土区的土地损毁程度进行全面分析预测，参照损毁前的土地利用情况，采用破坏方式、破坏类型与地块法相结合的方法确定适宜性评价单元进行初步的复垦适宜性分析。

小河套村西弃土区损毁前的土地利用现状为水浇地，结合土地破坏特征及该区域自然环境、社会环境特点，采用参比原地类的方法初步确定该地块的复垦方向为耕地。

根据收集到的该区域相关资料，将该评价单元的土壤质地、地形坡度、供排水条件以及土壤构成（有效土层厚度、耕层厚度、土壤容重、土壤污染）等土地特征指标分别与适宜性评价参评因素等级评价标准进行逐项比配，得出该复垦单元的适宜性评价等级为一级（比较适宜）。

参照项目区土地利用总体规划、土地复垦目标等，在尊重该地块所属村委及群众意愿的前提下，充分考虑复垦工程措施的经济可行性和技术合理性，确定最终的复垦方向为耕地。

（4）复垦措施。

1）工程技术措施。工程技术措施即通过一定的工程措施进行造地、整地的过程，同时通过水土保持措施减少土地流失发生的可能性。

临时用地复垦工程技术措施主要包括耕地表层土的剥离与回覆，根据各地块已确定的复垦方向，进行田块平整、翻耕，配套沟、路、渠等农田配套基础设施设计，根据原有土地利用功能并结合复垦地块周边现有的灌溉设施，重塑完整的灌溉系统。

小河套村西弃土区复垦单元表层土剥离、回覆量为 $26958m^3$。该单元所在区域地下水源丰富，埋藏较浅、水质良好，属宜井区，故采用井灌区的规划方法进行水源设计。据当地有关资料，项目区单井出水量约为 $30m^3/h$，按单井控制灌溉面积公式，该复垦单元的单井控制面积为 43 亩，经综合分析确定该复垦单元布置机井 4 眼。

根据本复垦单元所在区域地形、地块、道路等情况，并考虑与原有灌排体系的衔接布置管道系统，做到管线最短，控制面积最大，便于机耕，方便管理。排水农沟沿地块周边布设，明沟排水，采用梯形断面土质渠，并配套建筑物涵管（直径0.8m）4座。结合该区域原有道路及周围道路现状，恢复4m宽机耕路 2 条共 625m。

2）生物和化学措施。生物复垦的基本原则是通过生物改良措施，改善土壤环境，培肥地力。利用生物措施恢复土壤有机肥力及生物生产能力的技术措施，包括利用微生物活化剂或微生物与有机物的混合剂，对复垦后的贫瘠土地进行熟化，以恢复和增加土地的肥力和活性，以便用于农业生产。

3）补偿措施。临时用地复垦期间土地无法种植，根据复垦工作计划安排，考虑到项目区农作物种植习惯，对复垦期间土地无法种植带来的作物损失给予适当补偿。因施工过程对土地的严重影响，复垦再造后的土地在较长的时间内影响作物产量，对于恢复期内的地力损失，针对不同用地类型的不同破坏方式，分别给予适当补偿。

（5）复垦投资。基础价格按照编制年各相关县（市、区）的政策、规定和价格水平进行编制。工程建设费用中建筑工程、安装工程的单价编制按照行业主管部门或各地市对建筑工程和安装工程的单价编制规定执行。

三、思考与启示

在参与型耕地复垦设计机制下，完成了南水北调山东段 3 个单项工程，涉及 8 个地级市、24 个县（市、区）的临时用地复垦设计工作，真正将《土地复垦方案编制规程》的指标性要求落实到了各类地块中，完成了地貌重塑和土壤重构，实现了生态重建和土地资源的可持续利用。目前，南水北调山东段 3 个单项工程涉及的 38930 亩临时用地已全部复垦验收完毕并退还土地承包人耕种。

与传统的复垦设计思路相比，参与型耕地复垦决策机制有利于对土地破坏方式的客观认识，将土地破坏的动态变化性降至最低，确保了适宜性评价的合理性；同时，土地使用人、土地承包人、设计人员等各方的共同参与，缩短了相互间的距离，不同主体间的矛盾冲突得以协调，增强了复垦措施的可行性，复垦工作中的阻力无形中得以消除，加快了土地复垦的步伐，缓解了人地矛盾，为土地复垦综合效益的发挥奠定了基础，对实现土地资源的可持续利用具有重要的现实意义。

妥善处理总干渠临时用地复垦矛盾实例
（河南省）

河南省南阳市南水北调办公室

门戈

河南省南阳市方城县南水北调办公室

史钟

一、背景与问题

南水北调中线工程方城段全长 60.794km，临时用地复垦涉及 8 个乡（镇）、办事处、60 个行政村、233 个村民小组、2.2 万人，临时用地总面积 13311.78 亩，其中需复垦地块 150 块，复垦面积 9651.84 亩。

2013 年秋，南水北调临时用地陆续进入复垦期。由于需复垦地块数量多，面积大，复垦期限短，施工单位返还的土地情况千差万别，各行政村村委班子管理能力不同，再加上群众思想基础差距较大，给复垦工作提出严峻的挑战。如果采用统一模式进行复垦，势必会影响复垦的整体进程，给群众和国家带来不应有的损失。为确保复垦工作顺利进行，按时完成复垦任务，南阳市、方城县南水北调办公室根据省移民办的南水北调临时用地复垦工作指导意见，结合方城县各地块实际，因地制宜，制定了方城县南水北调临时占地复垦方案，较好地完成了临时用地复垦工作。

二、主要做法

1. 严密组织、编制方案

针对南水北调总干渠沿线临时用地复垦工作标准高、要求严、任务重、运作规范的特点，方城县南水北调办公室在南阳市南水北调办公室的正确指导下，提前谋划，编制临时用地复垦方案。一是提出了取土场、弃渣场等大块临时用地统一设计，道路等分散的小块临时用地仅作典型设计；二是所有临时用地复垦工作全部征求村委意见，如果村委有能力并愿意复垦，则由所在村集体经济组织承包复垦工程，与方城县南水北调办公室签订复垦合同，明确工程数量、质量、工期和资金拨付办法，明确权利和义务；三是明确所有复垦项目统一由方城县南水北调办公室下派监理进行施工监督，参与验收。

2. 征求意见，科学设计

临时用地复垦工作是个系统工程，既要考虑腐殖土的回填，还要考虑耕地的进出道路、排水、灌溉和地力恢复，如何使复垦效果让群众满意，使土地顺利退还给群众，是考验设计水平的关键。县南水北调办公室聘请有资质的设计单位，根据征迁实施方案中已有的临时用地复垦典型设计和相关规范文件，进行详细设计。具体工作中，设计人员深入田间地头，对复垦地块进行现场勘查、实地测量、登记造册，并召开由乡（镇）领导、村民干部、群众代表参加的座谈会，充分征求他们对临时用地复垦工作的诉求愿望，形成调研报告，为科学设计提供依据，尽最大努力满足群众要求。

3. 提前谋划，备好腐殖土

施工单位进场初期，方城县南水北调办公室就把储备腐殖土作为征迁工作的重点安排部署，抽出专人负责。要求施工单位在总干渠开挖永久占地时，分层开挖，剥离腐殖土并专门存放弃渣场备用，定期检查。对于取土场等大块土地，必须先剥离，后取土，每村安排一名监督员监督实施。

4. 加强与建管单位协作，因地制宜，多措并举共同做好临时占地返还复垦工作

根据临时用地台账明确的临时用地复垦、返还、退还的时间表，南阳市、方城县南水北调办公室与南阳建管处共同应对、紧密协作，如期完成复垦退还任务。

米庄取土场位于方城县券桥乡某某村，面积 662 亩。按照原计划，施工单位应在 2013 年年底前回填完毕，返还县南水北调办公室开展复垦，2014 年 5 月 15 日退还给群众。而施工单位截止到 2014 年 3 月底，还没有回填完毕，南阳市南水北调办公室紧急召开临时用地复垦座谈会，方城县南水北调办创新提出了米庄取土场实行边回填、边复垦的设想，与建管单位达成一致。方案确定后，方城县南水北调办督促村委调用 5 台挖掘机、装载机和近 20 辆自卸车，在已经回填好的位置加班加点进行复垦，工作中，严密组织，协调有序、运作到位，在不到 50 天时间内，土地复垦主体工程完工，达到耕种条件，按时退还，保证了群众正常秋播。

刘庄弃渣场原来是一座废弃的砖厂，地势低洼，涉及券桥乡两个行政村，计划退还时间为 2015 年 4 月 30 日。该弃渣场堆土高度不同，场地凹凸不平，高差达 8m 以上。至 2015 年 3 月底，距土地退还给群众的时间只有两个月，

施工单位尚未完成返还。考虑到问题的紧迫性，县南水北调办公室领导创新思路、敢于担当，在征求南阳建管处和省、市南水北调办公室意见的基础上，不增加征迁资金，整合施工单位平整资金和复垦资金，集中一家，统一整平、统一复垦，加快施工进度。由于措施得当，建管、施工单位配合较好，刘庄弃渣场按计划如期进行退还。

5. 严把质量管理，确保群众满意

土地复垦是民心工程。保证群众利益不受损失，方城县南水北调办公室对复垦质量严格把关。一是把好土地返还关。施工单位返还的土地，做到块块必验。平整度不够的不接收，压实度不够的不接收，回填高度不够的不接收，建筑垃圾清理不到位的不接收，方城段有 10 多块土地因以上原因达不到返还条件，被退回返工。二是把好腐殖土数量关。复垦质量的好坏，关键在腐殖土的储备，但个别标段腐殖土储备后，疏于管理，出现盗取现象，在复垦时，腐殖土不足，被迫在复垦阶段舍近求远购买腐殖土。三是把好验收关。复垦完成后，不仅业主、设计、监理和施工单位参与验收，还引进有承包权的群众代表参与验收，使群众内心感到踏实。

6. 实施效果

（1）由于在具体工作中吃透了政策、掌握了实情、组织得力、方法得当、勇于担当，临时用地复垦工作取得了实实在在的效果。方城县 150 块总面积 9651.84 亩临时占地全部实现按台账时间节点退还。

（2）复垦质量达到设计要求，群众对复垦效果满意。复垦后，土地平整度较复垦前的自然地形有较大改善，两年来，未发现因复垦质量不合格出现群众信访案件，根据河南省农调队方城站对临时用地复垦后农作物产量调查，大部分地块第一季的产量与临近地块相比，产值不相上下。一些弃渣场由于处于地力瘠薄区域，总干渠腐殖土的使用，增加了地力，复垦后的产量甚至超过周边土地产量。

（3）建管和施工单位满意。由于措施得力，方法得当，紧密配合，一些返还较晚的地块，通过采取不同方式，加快了复垦进度，迎头赶上，没有因返还晚而影响退还时间，避免了施工标段临时用地延期的补偿损失。

三、思考与启示

（1）领导重视、认识到位是做好临时用地返还复垦工作的前提。复垦质量是关乎群众切身利益和保持社会稳定大局的关键，也是衡量南水北调征迁工作成败的关键。工作初期，县委、县政府主要领导就提出了要站在讲政治的高度，处理好南水北调复垦工作。县南水北调办领导班子在大是大非面前思路开阔、处事果断、敢于担当，确保了复垦工作的顺利开展。

（2）深刻领会政策精神，精准把握政策要求，实事求是，因地制宜是做好临时用地复垦工作的有效措施。把技术含量少的工作，委托有能力的村级负责实施，能提高工作效率，避免产生移交矛盾。

（3）充分调查研究，征求群众意见，是搞好复垦设计工作的有效途径。

南水北调干线湿方临时用地复垦实施管理研究（山东省）

山东省济宁市任城区南水北调工程建设管理局

杨兆兵　刘朋　蔡光明

一、背景与问题

南水北调东线一期工程南四湖—东平湖段输水与航运结合梁济运河工程是南水北调东线一期工程的重要组成部分，济宁市任城区内段长 27.8km，湿方施工段长 17.8km，湿方临时用地 3000 余亩，涉及 5 个镇（街道办事处），26 个行政村。因排泥压占，导致临时用地土壤结构及现状发生变化，耕作层受到破坏，土壤地力受到影响，打乱、截断了原有的灌排及生产体系，导致生产无法正常进行。南水北调湿方临时用地复垦目的就是恢复土地生产能力，提高土地利用率，增加土地收益，恢复和改善土地生态环境。湿方临时用地具有如下特点：

（1）土地资源破坏性大。按照施工工艺，由施工企业沿临时用地征地红线进行围堰修筑，然后排注河道疏挖出的淤泥，淤泥下渗，导致土地地理结构和地力严重变化，土地压实和固化，土壤透水、透气性能大大降低。

（2）复垦周期长。经过退水处理后所排出的淤泥仍含有大量水分，这些淤泥主要是通过风干、晾晒的方式使土壤水分减少，以达到复垦种植的条件。如果所排出的淤泥土质为砂质土或壤土，由于颗粒粗糙，渗水速度快，保水性能差，则一般 3 年左右的时间即可具备复垦条件。而若排出的淤泥为黏质土，则由于颗粒细腻，渗水速度慢，保水性能好，下挖 30～40cm，仍存有大量水分，这部分水分下渗困难，蒸发效果不明显，特别是距离排泥口较远，与围堰相接处的低洼区域，几乎一年四季有积水，还长出苇子、蒲草等植物，若只通过风干、晾晒，6 年以上也很难具备复垦条件。

（3）复垦要求高。因排泥压占导致排泥场内所有的基础设施、地形地貌被掩埋殆尽，形成了比外部土地高出 2～3m 的堆土平台，加之复垦所经历的时间较长，易出现不可预见的因素，复垦方案设计，水利设施建设等要求进一步提高。

（4）砂石及建筑垃圾较多。梁济运河原为防洪与航运结合河道，两侧码头众多，滩地硬化面积大，航运过程中倾倒、散落的砂石、煤炭、矿石等通过清淤排于排泥场。河道扩挖时施工企业将滩地上的硬化地面处理后运至排泥场存放，加之排泥后管理主体模糊，管理不到位，出现向排泥场内倾倒建筑垃圾的情况，导致排泥场内含砂石的砂壤土、建筑垃圾等成片出现，数量较多。

（5）滋生多种水生高秆植物。因排泥场内，排水不畅，较长一段时间存有大量的地表水，经过几年的稳沉、干涸过程，生长了芦苇、蒲草等水生高秆植物，土壤被其根系破坏，影响地力水平。

（6）排泥场内高低不平。施工时，比重较大的砂砾石、渣滓等存于排泥管周围，淤泥随着退水水流存于四周。施工后形成一个个以排泥管出水口为高点，含大量砂砾石的土丘，施工企业只是将该土丘运走，运走后仍然形成排泥场内高低不平。

（7）退地难度大。被占地户认同和适应了湿方临时用地占地期间的补偿，对于按照标准进行复垦后的土地地力、土地质量远远不如先前，土地堆高后不保水，无法再种植水稻而改变了种植结构为借口不接地，要求长期补偿，给退地工作带来了极大难度。

二、主要做法

1. 强化责任主体，明确职责分工

排泥场临时用地的复垦退还工作全面落实"政府领导、分级负责、县为基础、投资包干、项目法人参与、全过程监理监测"的南水北调征地移民工作管理体制，明确县级政府的责任主体地位，各镇（街道办事处）及相关部门同为参与实施单位，明确分工，各司其职，各负其责。山东省济宁市南水北调建管局负责对临时用地复垦进行监督指导，现场建管局负责与主体工程施工企业的沟通协调，征地移民复垦设计单位负责设计依据、设计标准、设计原则的解释，征地移民监理单位负责复垦实施进度及资金使用管理的控制。各单位共同协作，加强沟通联系，形成上下联动、齐抓共管的工作格局，切实形成南水北调复垦工作的强大合力。

2. 制定完善科学合理的复垦技术方案

按照南水北调湿方临时用地复垦恢复原标准、原规模、原功能的"三原"原则，制定科学、合理、切合实际的工程技术方案。

（1）表层土的剥离、存放与回覆。表层肥沃的腐殖质土壤是土地复垦进行

再种植成功的关键。结合当地实际，耕地表层土剥离的深度一般在 30cm，考虑表层土在剥离后的存放、二次搬运及回覆过程中出现的损耗，可将表层土剥离的深度适当增大。为防止流失，在施工企业修筑围堰前进行表层土剥离，存放于围堰外部合适位置，以减少因混合而导致的流失。并安排专人对剥离出来的表层土进行看护，并设禁止盗土标识。

（2）土地肥力恢复措施。土地肥力是土地生产能力，也是鉴别土地复垦质量的重要依据，采取的主要措施有：一是排泥场清表。采取工程措施对排泥场内生长的芦苇、蒲草及其他野草及根系进行清理，清理深度依据杂草的类别而定，一般为 30cm。二是砂砾土置换。进行土地整平时，切不可将排泥场内成片的砂砾土和建筑垃圾平推至排泥场内，要将其外运或深埋，外运后深度要低于周围壤土 30～40cm，并回覆上种植土，以确保农作物根系生长需要。三是土地深翻、整平。经过清表、砂砾土置换、表层土回覆等程序后，已经基本达到农作物生长对耕作土厚度的要求，下一步要进行深翻、整平，深翻是为增大土壤的透水性、透气性，确保土壤的保墒效果，整平则对农户生产种植和退地工作顺利实施至关重要。四是水利及交通设施的建设。排泥场内土地高于周边土地 2～2.5m，原有的灌排交通设施不再适用，按照与周边沟相通，路相连的原则，重新进行勘察设计并依据当地种植习惯充分征求镇（街道办事处）和村的意见确定方案后实施。

（3）健全完善复垦退地保障机制。一是地力损失补偿，复垦退还后的土地地力及农作物的产值不可能完全达到原水平而给予的补偿；二是生物措施补偿，通过增施有机肥，来尽快提高地力水平而给予的补偿；三是边坡影响种植补偿，因排泥堆高 2.0～2.5m，以 1：2 的边坡与周围地面连接，导致复垦后可耕种面积减少而给予的补偿；四是监测和管护措施，对复垦区建设的基础设施、作物产量进行调查统计，对边坡、排水沟等采取植树、种草措施，避免水土流失，尽快使复垦区恢复原生态环境，达到高产高效。通过上述机制措施，保障农户收益。

三、思考与启发

（1）领导高度重视是做好湿方临时用地复垦退还工作的保障。各级领导高度重视南水北调临时用地复垦退还工作，多次视察、指导，并给予极大的关心关注和支持；县（市、区）政府主要领导切实担负起实施主体的责任，亲临一线，靠前指挥；区直各部门、镇（街道办事处）党政负责同志也是亲历亲为，人力、物力、财力一应俱全，形成上下一盘棋，齐心协力保复垦退地的良好局面，为南水北调湿方临时用地复垦退还工作顺利实施提供了组织保障。

（2）提前做好土地流转是做好湿方临时用地复垦退还工作的有效途径。如何顺利地将临时用地退还至农户手中是南水北调湿方临时用地复垦工作的难点和最终目的。土地流转则能很好地简化退地程序，解决退地过程中出现的各类矛盾。在政策许可的范围内，组织引导具备土地流转条件的村提前做好土地流转工作，让租地户的租金与国家占地补偿资金能够无缝衔接，所涉及的地力损失补偿、生物措施费补偿、边坡补偿等仍旧补偿给群众，既保障了群众的自身利益，也使土地在第一时间得到有效耕种而产生效益，同时也大大提高了群众接地的主动性。

（3）合理的复垦方案、良好的工程质量是做好临时用地复垦退还工作的基础。复垦方案的质量决定了复垦质量，复垦的质量则决定了退地工作能否顺利进行。方案制定伊始，组织专人对排泥场现状地形、地貌进行实地勘察，结合当地群众生产实际，对沟、路、渠、电等的布设及标准等进行充分调查了解，反复座谈沟通，形成了一套高质量、高标准、针对性强的复垦方案。由于原批复的复垦方案是在主体工程施工时完成的，随着时间的推移，三年后的复垦与当时方案编制时的情况往往出现较大的变化。所以复垦招标前，组织移民设计、监理、现场建管局、市、区、镇、村等对现场进行重新勘察，对方案进行重新修订，确保符合群众要求和社会发展。以公开招投标的形式确定能力强、信誉好的施工和监理企业，工程施工过程中，始终贯彻"项目法人负总责，设计单位督促，监理单位控制，施工单位保证，政府部门监督"的质量保证体系，组建现场指挥部，明确专人对各个标段的施工质量、进度、投资进行控制，切实加大管理力度，强抓施工质量，提高建设水平，为复垦退还工作的顺利实施打下了坚实的基础。

（4）加大政策宣传力度是做好临时用地复垦退还工作的关键。以"手勤、腿勤、嘴勤"和"诚心、细心、暖心"为工作宗旨，以"千方百计、千辛万苦、千言万语"为工作精神，大力开展南水北调湿方临时用地复垦退还政策的宣传引导，形成良好舆论氛围。通过组织召开动员会、培训会、协调会、联席会等，传达上级政策，倾听群众呼声。固定专门人员开展面对面、一对一、心贴心的交流，让老百姓充分了解每个工作阶段实施的内容、措施、办法等，为促进复垦退还工作顺利实施发挥了关键作用。

（5）组建高素质的工作队伍是做好湿方临时用地复垦退还工作的重要举措。南水北调湿方临时用地复垦还工作要求高，难度大，要高质高效完成各项工作，就要有强有力的工作班子，懂政策、善协调、业务精的工作队伍，并紧紧依靠这支队伍来化解矛盾，推进工作。在工作开展中要有忍辱负重、善始善终、无私奉献的工作精神，在各种困难、矛盾和委屈面前能够不抱怨、不退缩，能打硬仗，善打胜仗。

（6）健全退地后农户的保障措施是做好湿方临时用地复垦退还工作的根本。完善、健全南水北调排泥场临时用地复垦退还后的各项保障措施进一步解决了农户的后顾之忧，在复垦退地实施过程中起到了至关重要的作用。因复垦质量高、保障措施科学到位，农户由被动的接地变为主动要求耕种，从而减小了退地的难度，保障了工作的顺利实施。

中线干线工程北京段临时用地延期分析
（北京市）

北京市南水北调工程拆迁办公室

一、背景与问题

南水北调中线干线工程（北京段）（以下简称中线干线北京段）起点位于房山区北拒马河中支南与河北省交界处，终点颐和园团城湖，全长 80km，涉及房山、丰台、海淀 3 个区 16 个乡（镇）的 55 个行政村，共临时用地 11689 亩，其中房山区 9957.21 亩，丰台区 1651.46 亩，海淀区 80.81 亩。根据工程建设需要，临时用地主要用于施工、生产生活区布设及临时堆土等施工期间用地。

中线干线北京段于 2006 年 4 月启动建设，临时用地期限为 2 年，2008 年 4 月到期。此时中线干线北京段仍处在工程施工阶段，仍有 11315 亩临时用地需延期使用。

为确保中线干线北京段工程建设及收尾验收等工作顺利实施，保障土地所有者的合法权益，北京市南水北调办公室积极办理临时用地延期手续，合理合法解决相关申报、补偿等事宜，妥善解决了这一问题，为南水北调后续工程土地使用问题的处理提供参考和借鉴。

二、主要做法

1. 临时用地延期的实施过程

根据工程建设进度和计划，北京市南水北调建管中心及时向市南水北调拆迁办、市南水北调办、中线建管局等相关单位上报临时用地延期需求，并与海淀区、房山区和丰台区南水北调办沟通协商需要延期使用的临时用地数量和时间，为后续办理占地手续、确定补偿资金等工作奠定基础。

相关各方配合开展工作。北京市南水北调建管中心和相关区南水北调办核实确定了工程临时用地延期的具体面积和延长周期；市南水北调拆迁办组织相关区南水北调办开展临时用地延期手续办理和补偿工作相关事宜；中线建管局多次召开会议研究并组织现场调研，明确了临时用地延期补偿的意见；北京市南水北调办核算补偿费用，并明确了资金渠道。经过积极协调沟通和努力，顺利完成临时用地延期工作。

2. 临时用地延期的实施结果

中线干线北京段临时用地延期面积为 11315 亩，期限一年，临时用地延期补偿费采用原临时用地批复标准，共 2351.13 万元。通过各部门间的协调沟通合作，中线干线北京段临时用地延期使用合法合规办理了土地延期使用手续，及时向土地所有者兑付了补偿资金。同时，通过临时用地延期的办理，强化工程建设管理，要求对后期工程建设倒排工期，对满足移交条件的临时用地按时移交，遗留问题明确处理方式，有效保证了中线干线北京段的顺利完工。

3. 实施效果

中线干线北京段临时用地延期工作得到了高效率和规范的处理。

（1）临时用地延期问题出现后，北京市南水北调建管中心与各区南水北调办及时向市南水北调办反映实际情况和需求，北京市南水北调办和市南水北调拆迁办一方面与中线建管局进行书面沟通确认，另一方面也及时发文指导临时用地延期工作开展实施，为事件处理提供了充分依据。

（2）海淀区、房山区和丰台区南水北调办依据《关于协调南水北调京石段应急供水工程（北京段）临时占地延期使用的函》（京调拆〔2008〕2 号）等文件精神，及时与国土部门沟通，提前开展临时用地延期手续办理工作，保障工程进度不受土地问题影响。

（3）在不可预见费已全部使用完毕的情况下，市南水北调拆迁办从市发改委批复的专项设施迁建结余费中列支临时用地延期补偿，使得资金及时拨付相关各区南水北调办，保证了土地所有者获得补偿的权益，消除了中线干线工程北京段的不稳定因素。

三、思考与启示

临时用地延期影响工程进度，增加投资，对工程的实施影响重大。对临时用地延期的原因、处理过程、处理方式等进行分析，为后续类似问题的处理提供借鉴。

（1）临时用地与工程工期密切相关，临时用地交付时间与工程开工时间错位、工期延误等情况是造成临时用地延期的主要原因。因此，实施主体应加强对工程的工期管理，合理安排施工进度，匹配办理临时用地手续；提高建设进度管理，减少工期延误；提前做好临时用地的移交和复垦工作方案，提高移交效率。

（2）类似南水北调的大型基础设施建设项目，应合理预估项目工期，进而在项目投资概预算编制中充分考虑临时用地延期因素，预估合理的不可预见费，避免出现临时用地延期时补偿经费不足。

（3）资金兑付程序规范。北京段工程临时用地延期增加的补偿资金严格按照程序逐级申请，得到相关主管部门确认，在有明确的补偿方案和回复文件的情况下，实现了合法合规兑付。

（4）各负其责，强化沟通。在类似事件的处理过程中，应强化部门间的沟通协调，一线部门发现问题及时上报，在收到上级部门指示后立即开展工作，从而保障事件处理的有序性和时效性。

（5）处理过程中形成的文件和记录既是政府部门开展工作的依据，也是事件处理的宝贵资料。政府部门工作方法的创新、工作流程的确认、对事件的重视程度等往往体现在政府发布的各个文件之中，做好文件资料的整理归档，有利于相关案例或事件查找资料和经验总结。

第六篇
施工影响处理

卤汀河港口大桥拆建工程对群众出行影响处理（江苏省）

江苏省泰州市姜堰区卤汀河工程建设处

蒋满珍　朱凯

一、背景与问题

卤汀河拓浚工程是南水北调东线一期里下河水源调整工程项目之一。该工程位于泰州市境内，河道全长 55.9km，其中姜堰区境内河道长 13.3km，工程建设主要内容为河道拓浚、拆建港口大桥和董潭生产桥。由于卤汀河拓浚后航道等级由原来的 5 级提高到 3 级，故新建的港口大桥的梁底高程须比原港口大桥抬高近 3m，由此引发群众出行不便的问题。

二、主要做法

（一）查清问题缘由

综合分析，产生以上问题的主要原因有两个方面：

（1）受实际居住现状的限制，新桥选址空间受到制约。原港口大桥紧邻港口集镇和桑湾村居民集中居住区，其中港口集镇是里下河地区人口密度最大的集镇之一，常住人口接近 2 万人且都沿河而居，镇中一条南北通道是港口村、董潭村、下溪村出入的唯一道路。原港口大桥接线两侧又有大量的民房和商铺。另外，港口路、桑湾路距离卤汀河岸边的距离分别只有 30m 和 60m 左右，如在原址拆建，上述两条道路无法与桥梁接线衔接，且拆迁量很大。设计论证之初，在与镇、村多次现场勘察和论证的基础上，考虑到尽量减少拆迁和对附近居民的影响，只能将新建桥梁移位至旧桥南侧 95m 处相对空旷的位置，使得桥梁接线与 X304 形成了 Y 形交叉。

（2）卤汀河拓浚后航道等级的提高，桥面高程需抬高近 3m。受坡比的限制，新建桥梁的接线被抬高和延长，与原支线的衔接产生困难。

（二）解决方案

针对以上存在问题，江苏省南水北调办公室、泰州市卤汀河工程拓浚指挥部和姜堰区政府多次召开由区住建局、交通局、水利局、规划局、信访局、公路管理站等部门和设计、施工、安评单位负责同志以及华港镇党政主要领导和分管负责同志参加的专题会议，对接线调整、优化方案进行研究、会商，在充分听取沿线居民代表、老干部代表和工商企业代表意见的基础上，依照国家有关桥梁、道路建设的法律法规和设计规范，通过进一步优化设计，增加配套连接道路、安全防护、交通监控、交通警示标志等设施，较好地解决了由于拆建桥梁引起的交通问题，最大限度地减少了对沿线居民生产生活和出行的影响。

1. 解决新建桥梁对北侧居民楼住户的影响问题

本着尊重客观、实事求是、以人为本的原则，满足群众的合理要求，最大限度地维护群众的合法利益。在综合各部门意见和建议的基础上，研究确定了受影响居民户的范围及补偿办法。根据《江苏省公路管理条例》第三十四条第一款规定，从公路用地外缘起县道不少于十米为公路建筑控制区范围。参照此规定，同意对桥梁用地红线以外十米控制区范围内的居民户按照卤汀河工程的征迁标准实施搬迁或进行影响补偿，区卤汀河工程建设处与华港镇人民政府签订本项工作的《包干协议书》，进行任务与资金包干。包干资金以整体搬迁补偿经费总和为原则。完成任务后的结余部分仍用于华港镇的移民项目，报姜堰区卤汀河拓浚工程建设领导小组批准后使用。

设计部门、施工单位、姜堰区卤汀河工程建设处会同受影响居民一起，按照设计施工图对北侧每一户居民房屋进行现场测量，测量大桥与居民住房的水平距离、垂直高差，计算日照比，由此确定受影响住户的名单并张榜公示。华港镇人民政府作为本项工作的责任主体、实施主体，会同移民监理按照相关程序对上述范围内的居民户进行实物量核查、搬迁补偿经费测算以及影响补偿费的政策制定和费用测算工作。影响补偿费不得高于整体搬迁补偿价格，并应有一定差距。同时成立精干高效的工作班子入户进行协议商谈，让居民选择搬迁方式或影响补偿方式；签订补偿协议后按协议将补偿资金兑付给居民。

另外，对公路（桥梁）建设控制区范围外的居民住户，采取适当的降噪、防尘等工程防护措施以减轻对其居住环境的影响。

2. 解决东侧接线对原有水系的破坏问题

新建大桥东接线全长 446m，贯穿港口村几十户居民的蔬菜种植地，将原有的生产河及灌溉渠切断，同时将南侧居住小区的排水系统破坏。针对此问题，主要通过采取以下措施加以解决。一是在大桥接线下面安装大直径的排水涵，同时沿接线方向修筑明渠将南侧住户的排水引出。二是接线南侧水系进行恢复。拓宽现有生产河道，增设灌溉渠、电灌站和机耕道路，改善生产条件，提高土地利用率和生产效率。

3. 解决非机动车辆和行人出行不便的问题

由于新建桥梁全长（含接线）近 1km，而卤汀河西侧港口、桑湾村的大部分农户的田地在河东侧，农户下田种植十分不便。针对这个问题，泰州市卤汀河拓浚工程指挥部、姜堰区卤汀河工程建设处会同设计部门多次到现场踏勘、测量，在充分听取农户的意见和建议的基础上，决定在大桥东接线与桥梁衔接处的北侧增加 2m 宽的踏步，踏步两侧设置 0.5m 宽的斜坡，斜坡两边装设不锈钢安全护栏，在桥下新做一条混凝土道路将踏步和原道路相连接。通过这一工程措施，有效地缩短了农户下田种植的距离，得到了农户的理解和支持。

4. 解决大桥西接线交通安全隐患、优化布局问题

港口大桥拆建工程的最大困难在于如何恢复原有的道路交通体系，确保交通顺畅和交通安全。因新桥接线的抬高、延长以及和主干道的斜交，导致桑湾路、港口路与接线的连接产生很大的困难，同时由于受接线平交道口处空间限制，下桥车辆无法转弯进入集镇，且此处混合交通量大，重车比例较高，沿线居民关注度高、反响强烈。姜堰区政府、泰州市水利局对此高度重视，多次召集华港镇、沿线村干部群众代表召开座谈会，认真听取他们的诉求和建议，邀请省内交通行业的知名专家会同设计单位对存在的问题逐一进行化解和落实，在新大桥通车前进行交通安全评估。

通过新建混凝土道路、降低接线处高程，采取必要的安全防护措施等，恢复桑湾路、港口路交通。

三、思考与启示

（1）在划定桥梁用地红线时要留有足够的空间。港口大桥主体建筑的边界距离征地红线只有 2m 距离，给后期的工程施工带来很多不利因素，同时增加了地方政府协调处理施工矛盾的难度。可参照《江苏省公路管理条例》第三十四条第一款规定：从公路用地外缘起县道不少于十米为公路建筑控制区范围；对桥梁用地红线以外十米控制区范围内的居民户实施搬迁或进行影响补偿。

（2）设计方案要整体考虑，了解实际需要。桥梁特别是拆建桥梁，在设计时不能只对桥梁本身结构进行设计，要对原有桥梁周围的交通体系进行认真的分析和研究，充分了解各种机动车辆、非机动车辆、行人的交通方向和交通流量，了解沿河两岸居民的生产生活规律，详细设计各条相连交通道路的衔接；要考虑到新建桥梁对周边居民居住环境的影响并采取切实可行的措施加以消除

或减少影响；要考虑到新建桥梁对当地居民生活水系、农田水系、水利设施的影响。初步设计方案和施工图设计阶段要将设计成果公开、广泛征求社会各界的意见和建议，确保科学、合理。

（3）施工单位要提前勘察、讨论施工方案。施工单位在桥梁施工前要制定详细的施工方案，并提交讨论研究，预测施工中会产生的问题，并提早解决。尽量减少施工给附近居民的生产生活和出行的影响，确保工程顺利实施。

南水北调穿漳工程降水影响处理（河南省）

河南省安阳市安阳县南水北调办公室

朱继云

一、背景与问题

1. 工程情况

南水北调中线一期总干渠穿漳河交叉建筑物工程（简称穿漳工程），位于河南省安阳市安丰乡施家河村与河北省邯郸市讲武城之间。东距京广线漳河铁路桥约 2km，距 107 国道约 2.5km，南距安阳市 17km，北距邯郸市 36km，其上游 11.4km 处建有岳城水库。穿漳工程河南段位于河南省安阳县安丰乡施家河村东北方向，紧临施家河村，穿漳工程河南段共征用土地 1078.25 亩，其中永久用地 218.12 亩，临时用地 860.13 亩。

工程建筑物采用渠道倒虹吸形式，由南向北分别由南岸连接渠道（包括退水闸、排冰闸）、进口渐变段、进口检修闸段、倒虹吸管身段、出口节制闸段、出口渐变段、北岸连接渠道等组成，在南岸连接渠道右侧设有退水、排冰闸。穿漳工程轴线总长 1081.81m，其中倒虹吸管身段轴线长 619.18m。

2. 施工降水影响情况

穿漳工程管身段施工采用基坑明挖、降水施工方式，上开口宽度 78m，下开口宽度 25m，最大挖深 23m，放坡系数 1∶1.15。工程施工时，施工单位采取了大功率水泵抽排水方式降水，边施工边降水。由于漳河一带地层属强透水层，加之连续抽排降水，直接导致了地下水位急剧下降，周边村庄灌溉井和饮水井水位下降，部分机井干涸，严重影响了群众的正常生产生活。安丰乡 23 个行政村不同程度受到影响，约 2.8 万人饮水受到影响，特别是紧临的施家河、北丰等村饮水井干涸，群众吃不上水；约 3 万亩农田灌溉受到影响，机井干涸无法浇地或出水量严重减少。由于部分村庄的断水，群众思想出现恐慌，且情绪有蔓延趋势，形势十分严峻。

二、主要做法

认真贯彻落实河南省"两个确保、两个促进"精神。即确保南水北调工程顺利实施，确保人民生产、生活安全，促进南水北调工程建设，促进人民生产、生活。采取紧急措施，确保"两保两促"。

（1）加强领导，明确责任。做好降水影响处理工作，确保群众思想稳定，安阳县、安丰乡主要领导是第一责任人，县、乡各级政府和相关部门加紧排查不稳定因素，做到心中有数，实行县干部包乡、乡干部包村、村干部包户，对于存在问题的重点村安排基层经验丰富的乡干部包村到户，层层落实责任制。

（2）加大宣传力度，为工程建设营造有利氛围。在各村大街小巷张贴宣传南水北调工程大标语，大力宣传南水北调工程是国家重点工程，是造福人民、造福子孙后代的工程，绝不能出现影响南水北调工程施工的事件发生。

（3）多方筹措资金，加强资金管理。经协调，由河南省南水北调办出资100万元，中线局河南建管局出资150万元，安阳县筹资100万元，解决这次降水问题。严格资金管理，做到专款专用，发挥补偿资金最大使用效益。所有资金必须用于公益事业，安阳市南水北调办、安阳县政府、乡政府各掌握三分之一的资金，使用上前紧后松，留一部分资金用做善后处理，分步骤、分阶段拨付使用，资金使用中做到公开、公正、透明，确保资金安全。

（4）紧急送水，确保人畜饮水安全。针对部分断水村庄，安排送水车进行紧急送水到村，24小时供水，保证群众能吃上安全放心水，稳定群众思想，确保群众正常生产生活。

（5）采取工程措施，减少扰民。监督施工单位严格按降水方案施工，在基坑周边进行止水帷幕墙的施工，减少水向基坑的渗透和抽排水量，减小水位的降深，尽量减少扰民现象。

（6）确保农业灌溉春耕保苗。按先急后缓的原则，迅速安排打井队伍进场凿深水井，共完成新打机井500多眼，硬化水渠3000多米，购置水龙带15000多米，确保了农业灌溉春耕保苗。

（7）确保南水北调工程顺利施工。由县、乡安排人员昼夜值班，任何人不能以任何理由、任何方式阻挠施工，一经发现，坚决予以打击。

三、实施效果

（1）群众生活正常，思想情绪稳定。由于降水事件处理迅速，措施得当，真正解决了群众的饮水困难问题，确保了农业灌溉春耕保苗，正常生产生活得到妥善安置，群众思想比较稳定，广大群众比较满意，未发生一起信访事件。

（2）南水北调穿漳工程施工正常进行。因南水北调工程时间紧、任务重，在发生降水影响事件后，通过采取得当措施，既保证了广大群众的正常生产生活，又保证了工程正常施工。处理事件中施工始终未停止，未发生一起阻工事件，保证了南水北调工程建设的顺利进行。

四、思考与启示

（1）理解群众和赢得群众理解。突发事件发生后，首先要站在群众的立场看问题，想群众之所想，急群众之所急，及时发现问题、分析问题并迅速解决问题，充分理解群众，并在理解群众的基础上赢得群众理解，才能保证事件的顺利解决。在穿漳降水影响事件中，我们就是首先站在理解群众的高度，解决了人畜饮水困难问题，保证了农业灌溉春耕保苗，在此基础上赢得了群众的理解，才保证了南水北调工程建设的顺利开展。

（2）领导重视，措施得当。穿漳降水影响事件发生后，省、市、县各级各部门领导对此事件非常重视，多次召开专题会议进行讨论并提出解决措施，由于采取的措施及时、有效、得当，从根本上解决了存在的问题，既保证了群众的正常生产生活，又保证了南水北调工程建设的顺利进行。

"七一·六五"河工程施工影响淹没土地处理研究(山东省)

山东省夏津县南水北调工程建设管理局

张连君　牟月芳

一、背景与问题

2012 年,南水北调东线一期鲁北段"七一·六五"河输水工程施工期间,由于河道建筑物施工,山东省德州市夏津县内"七一·六五"河行洪排涝不畅,且在七八月主汛期内,连降大雨,致使刘辛庄洼、拐儿庄洼两大洼地积水无法排出,经排查统计,农田受淹面积有 6000 余亩,给当地群众生产生活带来影响。

二、主要做法

夏津县各级干部和沿线群众对南水北调工程大力支持,为工程建设提供了良好的施工环境,保障了"七一·六五"河输水工程夏津段工程的顺利开展。在 2015 年 4 月征地移民进行收尾工作梳理征地移民遗留问题时,夏津县提出了"七一·六五"河输水工程施工影响淹没土地问题,当地群众要求进行补偿。但因为界线不好确定,补偿标准不好掌握,且不能解决根本问题,补偿方案未实施。夏津县南水北调工程建设指挥部与受涝地区乡(镇)、村庄多次座谈、协商,为从根本上解决问题,确定采取工程措施进行治理,并先行委托了一家设计单位编制涝洼地治理实施方案,计划在刘辛庄洼建排涝泵站 1 座、节制闸 6 座,在拐儿庄洼建设排涝泵站 1 座,并对部分沟渠进行疏通治理。夏津县、德州市逐级行文向山东省南水北调建管局进行上报。

为切实维护沿线群众利益,保障工程运行环境,由夏津县委托原移民设计单位山东省水利勘测设计院进行征地移民遗留问题设计变更经评审批复后组织实施。2016 年 3 月 31 日,山东省水利勘测设计院成立了项目组进驻现场查勘,了解现状排涝体系,经现场了解,夏津县内流域面积 30km² 以上的干沟共 16 条,总长 270.6km;支沟 135 条,总长 416.6km;斗沟 218 条,总长 395.5km。全县沟网密度为 1.21km/km²,形成了较为完整的排水体系。20 世纪 60 年代末至 80 年代初，按马颊河、漳卫河两大流域进行了治理。"七一·六五"河是夏津主要的灌溉防洪排涝河道，刘辛庄洼、拐儿庄洼所在区域地势低洼，自身排水困难，南水北调一期"七一·六五"河输水工程实施以后，在六五河一侧新建管理道路，拆除灌排两用泵站导致该区域涝水更加难以排出。刘辛庄洼和拐儿庄洼排涝影响面积分别是 7.95km²、11.4km²，合计影响面积 19.35km。

为切实解决问题，设计单位与山东省南水北调建设管理局、当地水利部门、相关乡（镇）负责同志进行沟通协商，听取他们的意见和建议，确定了设计思路，刘辛庄洼、拐儿庄洼治理方案包括河道工程及建筑物工程：河道工程按"1964 年雨型"排涝标准，对易涝区域主要河道、沟渠进行清淤疏浚，恢复河道原过流能力。其中，刘辛庄洼河道治理范围包括改碱中沟、老八支、后屯公路沟、霍庄东沟、霍庄北沟、刘辛庄东沟、六青河南沟、刘辛庄沟等沟渠，治理总长度 13.19km；拐儿庄洼河道治理范围包括九支渠、永安庄沟、永安庄西沟、永安庄东沟、三教堂东沟、三教堂西沟、十一支渠西沟等沟渠，治理总长度约 13.98km；建筑物工程，新建后屯、九支 2 座排涝泵站，新建城北改碱沟节制闸、改碱中沟南节制闸、改碱中沟北节制闸、后霍庄西节制闸等 8 座节制闸。

2016 年 5 月 4 日，山东省水利勘测设计院编制完成了淹没处理补偿方案变更设计；2016 年 5 月 5 日，山东省南水北调建管局组织进行了评审，根据专家评审意见最终确定了排涝影响处理方案并获得批复。夏津县立即按程序组织进行了实施，至 2017 年 11 月影响处理治理工程全部完成。从根本上解决了刘辛庄洼、拐儿庄洼排涝问题，得到了沿线群众的一致好评。

三、思考与启示

（1）最早确定的方案只是对受淹地块当年损失进行一次性补偿，以后再发生涝灾，群众要求继续补偿无法解决，留有隐患；洼地内受淹地块与不受淹地块界限模糊，很难做到精准补偿，因此造成个体矛盾及群众矛盾，更有可能形成不安定因素。为最大限度地发挥南水北调资金的效益，对两洼地采取工程措施，能够从根本上解决问题。

（2）夏津县广泛征求有关镇、村的意见，村、镇、县逐级召开了专题会议，最终研究确定采取工程措施进行处理，思路清晰，切实可行。为当地群众解决了后顾之忧，最终也得到群众认可。该方案从问题的提出到解决历时 3 年，各级政府和有关部门做了大量工作，特殊问题特殊解决，真正做到了即保护群众的合法权益，也妥善解决了工程影响问题，实现了征地拆迁与工程建设双赢。

连接路建设中的矛盾实践分析（河南省）

河南省南阳市方城县南水北调办公室

郭铁功

一、背景与问题

南水北调中线工程方城段总干渠全长 60.794km，永久占压用地共 12015 亩，涉及 8 个乡（镇、街道办）51 个行政村。总干渠截断地方大小道路 126 条，其中，截断后恢复跨渠桥梁的道路 59 条，未恢复桥梁的道路 67 条。根据长江水利委员会设计院编制的《南水北调中线工程方城段征迁设计规划报告》（简称《实施规划报告》），方城段规划连接道路 141 条，总长度 82.39km，投资 4592.57 万元。2013 年 4 月开始实施，在实施过程中，发现原规划的道路数量、宽度、布局、规格远满足不了群众实际生产和生活需要，两岸群众反映十分强烈，部分村庄因桥梁和连接道路不足，群众到县、乡南水北调办咨询、反映问题较多。为保障南水北调工程正常施工，满足群众生产生活的出行需要，方城县南水北调办公室多措并举，锐意创新，创造性地开展连接道路建设工作，最大限度保证了总干渠施工环境，基本满足了群众生产生活的出行需要。

二、主要做法

1. 主动宣传引导，明确建设目的

连接道路建设初期，南水北调沿线村庄纷纷要求增加修路长度，甚至要求修建村庄内道路或提高村庄内道路标准。针对这种情况，方城县南水北调办积极向县南水北调建设领导小组汇报并专题召开了村支部书记参加的连接道路建设会议，印发了连接道路建设方案。让沿线干部群众明白连接路是为了将总干渠截断的断头路连接到正常通行的道路上而修建，是为了满足群众的生产生活，投资不是按照占地面积计算而是按照实际需要计算。通过反复宣传引导，降低了群众上访诉求，规范了连接路建设工作。

2. 拓宽设计理念，创新工作方法

为了解决《南水北调中线工程方城段征迁设计规划报告》设计方案中规划道路数量不能满足群众需要的矛盾，根据连接道路建设资金包干使用原则和连接路占用土地权属以及建筑材料价格波动情况，专题召开会议决定：不突破包干资金，根据群众诉求，重新规划设计连接路建设方案；保证工程质量，降低单公里道路建设造价，节约工程投资；连接道路占压沟、路、渠等集体土地不予补偿，附属物不予补偿；设计的道路尽量避开高价值的地类。原有路基较好的改造性道路，减少路基处理预算；设计理念确定后，聘请有设计资质的设计单位对方城县连接路进行了规划设计。

3. 利用有限资金，满足合理诉求

建设思路确定后，方城县南水北调办公室专题下发通知，充分征求乡村意见，各乡（镇、街道办）认真勘查统计后写出书面报告报县南水北调办公室。县南水北调办公室对各乡（镇、街道办）上报情况筛查后，委托方城县金北斗测绘有限公司逐条道路进行勘测设计，设计成果评审后实施，从而基本满足了群众诉求。

4. 积极反馈问题，努力争取政策支持

设计初期没有考虑到的连接路规划建设问题，在实施过程中充分显现。方城县独树镇某某村位于总干渠相邻两座大桥的中部右岸，两座大桥的桥间距为1650m，而该村近600亩耕地位于总干渠的左岸，总干渠建成后，耕作绕行最远距离达到2.5km，赵河镇某某村位于总干渠小吴庄生产桥附近，由于该桥设计宽度较窄，且桥面高，桥两端不能通视，车流量大，不能在桥上会车，必须在引线下方会车；券桥乡某某村、二郎庙镇某某村因总干渠倒虹吸占压原河道内的简易桥梁，没有规划新的桥梁和连接道路，造成两个村庄联通道路绕行太远等。以上这些客观原因，引发群众上访。对此，方城县南水北调办一方面做好群众工作，另一方面邀请中线局、省移民办和南阳市南水北调办的领导现场视察，在各方充分论证后，新增连接道路资金219万元，修建桥梁两座，水泥道路6.8km，彻底解决稳定难题，保障了施工环境和人民群众的利益。

5. 严格按照设计方案和工程建设基本程序，分阶段组织实施，确保工程质量和工程进度

（1）按照建筑工程建设基本程序进行设计招标和施工招标。为了解决连接道路建设在时间上与总干渠主体工程建设之间的矛盾，特别是总干渠跨渠桥梁工程引线末端与连接道路无法对接的问题，连接道路建设分三期设计、招标、施工。

（2）完善监督机制，加强质量管理。

1）加强监理队伍建设。连接道路一期工程划分标段 55 个，涉及全线 60.794km，分布在总干渠两侧各 2km 范围内，建设期间，总监全线监理，每 10km 安排 1 名监理人员，办公室巡回检查监理到岗情况。

2）严把"三关"。一是原材料检验关，不合格的原材料一律不允许进场；二是隐蔽工程监理旁站关，路基工程、桥梁工程现场监理；三是验收关，严格验收程序，准确测算工程量。

3）引进群众监督，在施工和验收过程中，工程项目所在村安排一名村干部或群众代表参与工程施工监督和验收，保障群众的参与权和知情权。由于措施严格，连接道路工程验收合格率达到 100%。

（3）严格工程变更程序，把好资金使用关。工程技术变更，首先由施工单位提出，监理单位把关，报县南水北调办公会议研究后，会商、会签。线路长度变更和道路性质变更，首先由所在村提出，乡（镇）加盖意见，由业主单位和监理、设计共同会商、会签。合同资金支付一律采用集体会签制度。

三、实施效果

方城县连接道路建设经过三年的创新实践，取得了良好的效果。

（1）连接道路数量增加。《实施规划报告》规划我县连接道路 141 条，82.3km。经调整设计方案，调整土地补偿投资，降低单公里造价成本，统筹用于连接道路建设，仅此一项，节约成本 1200 万元。实际建设连接道路 297 条，150.91km，分别比《实施规划报告》多 156 条，68.52km。基本满足了沿线群众的生产、生活需要。

（2）群众满意度高。南水北调连接道路建成后，两岸群众不仅没有因修建总干渠给群众耕作生产造成太大影响，而且生产条件得到了较大改善，受益区内，沟相通、路相连，原来耕作走的泥巴路改善为碎石路，部分村与村之间的砂石路改善为水泥路。村内修建了水泥路，生活条件得到较大改善。

（3）为总干渠施创造了优良施工环境。因连接路建设群众知情度高，建设质量和数量基本满足了群众的实际需要，群众支持南水北调工程建设，施工单位施工环境优良。项目部使用地方道路对外出行，由于车辆较多导致损坏严重的，方城县南水北调办及时进行修复，得到了项目部的充分肯定。

四、思考与启示

（1）勇于创新，敢于担当，是保证工作效果的关键。在南水北调连接道路建设时，利用包干资金修建既定道路无法满足群众提出的合理要求，因此经过深入调研，拓宽设计理念，创新工作方法，提出了占压沟、路、渠等集体土地和附属物不予补偿、压低工程造价等方案，该方案在群众自愿的基础上实施起来能够节约大量资金，用于连接道路的直接建设费用。

（2）正确处理国家、工程建设单位和群众的利益关系，是考验连接道路建设成败的标准。

（3）积极做好宣传引导，提高干部群众的共识，坚持群众利益优先，积极为群众排忧解难是稳定群众情绪、争取群众支持的法宝；问题的客观存在，政策的许可和各级领导深入一线对实际情况的了解、支持，是解决问题的金钥匙。

（4）工程规划工作是确保后期项目顺利实施的前提和保证。前期规划阶段应高度重视，深入实际，避免实施中工作被动。

南水北调倒虹吸工程施工降水造成的影响及处理（河南省）

河南省新乡市南水北调办公室

洪全成　孟凡勇

一、背景与问题

辉县市位于河南省西北部，属海河流域卫河水系。南水北调中线工程总干渠自西向东横穿辉县市境内石门河、黄水河、刘店干河等多条河流，于2008年年底开工。

根据南水北调中线工程总干渠工程规划设计，共在辉县段内规划石门河倒虹吸、黄水河倒虹吸等11处倒虹吸工程。由于倒虹吸平管段管身高程低于所在区域地下水位。因此，施工要求将基坑地下水位降至作业面以下，以保证倒虹吸换填施工作业的正常进行。

为了减少基坑降水对周边地下水的影响，南水北调工程设计和施工单位对各倒虹吸基坑降水工程进行了方案设计与调整，分析计算了基坑降水对周边地下水的影响范围和地下水位的降幅。由于理论计算结果是在一定的假设条件下通过经验公式计算所得，计算参数的选取与实际情况可能有一定出入，所计算的降水影响范围和水位降幅与施工造成的实际影响并不一致。石门河、王村河、午峪河及黄水河等倒虹吸降水工程自2009年6月先后实施以来，影响范围和水位降幅已超出倒虹吸降水施工影响范围的理论计算值。

据统计，南水北调中线工程辉县段石门河、黄水河、午峪河、王村河、旱生河等倒虹吸于2009年6月至2010年8月陆续施工降水14个月，累计抽取地下水量约0.91亿 m³，占辉县市地下可开采量1.72亿 m³ 的53%。辉县市太行山前倾斜平原从东向西的黄水河、石门河、王村河流域每日最高抽水量达58万 m³，流量达到6.5m³/s。

大量的抽取地下水造成周边区域内地下水位大幅下降，严重影响了群众的生产生活，出现了大范围的机井干枯和出水量不足。给区域内群众农业生产、生活和部分企业用水造成很大困难，施工降水大面积农田因干旱绝收，部分乡

170

村人畜饮水出现困难。当地水利等相关部门陆续接到周边村民关于农用水井地下水位下降、水泵吊空、机井干枯以及生活饮用水日益困难等的报告，有关乡（镇）、村干部群众反映强烈，多次到乡（镇）及市政府信访，要求解决施工降水的影响问题。辉县市南水北调办、农业局多次深入相关乡（镇）、村进行了调查，形成了调查报告，并向上级作出书面请示。

辉县市平原、丘陵区浅层地下水开采量主要来源于天然降水补给，虽近年来年均开采量略大于补给量，但增加不大，采补基本平衡。倒虹吸降水施工引起的超采量只能抽取浅层地下水的储存量，储存量非资源量，一旦消耗，较难恢复。另外，由于石门河、黄水河等倒虹吸工程采用群井集中开采方式降水，开采时间集中，开采量大，势必形成一定范围的地下水位降落漏斗，且随着降水时间的延续，对周边地区地下水的影响也将越来越严重，降水影响范围和下降幅度呈日趋扩大和增加的趋势。

二、主要做法

为了科学客观评价倒虹吸降水施工对周边地下水的影响，辉县市委托中国农业科学院农田灌溉研究所，编制完成了《南水北调总干渠石门河等倒虹吸降水施工对周边地下水影响评价报告》，对石门河、黄水河、王村河及午峪河等倒虹吸降水施工排水影响周边地下水情况，以及周边地下水位下降原因进行了分析评价。施工降水影响范围初步确定为 $250 \sim 300 \text{km}^2$，并且确定地下水水位不可能在近几年内得到恢复，且随着倒虹吸降水时间的延续，如不采取有效措施，影响范围还将继续扩展，影响程度将进一步加剧。2010 年 4 月中旬，第一批施工降水影响工程投资获得批复下达初步解决了石门河倒虹吸周边 3 个乡（镇）、10 个村的施工降水影响问题。

随着抽水时间延长和早生河倒虹吸施工降水开始，影响范围进一步扩大。据统计，上八里、薄壁、高庄、百泉、冀屯、洪州、赵固等 7 乡（镇）的 30 余个村，以及部分单位的 251 眼水源井出现了干枯或者水量不足，给当地群众的生产生活带来极大困难。其中，个别村庄群众靠肩挑、车拉维持基本的生活用水需要。

经河南省政府移民办公室调查，第二批施工降水影响农田灌溉面积 16200 亩，影响吃水人口 7720 人。2010 年 5 月依据中国农业科学院农田灌溉研究所《南水北调总干渠石门河等倒虹吸降水施工对周边地下水影响评价报告》，辉县市南水北调办编报了《关于南水北调工程辉县段第二批施工降水影响处理方案的调查报告》，经审批后实施，解决了上八里、薄壁、洪洲、冀屯、赵固等 5

个乡（镇）、17 个行政村的降水影响问题。

降水影响工程的实施基本缓解了倒虹吸施工降水对周边村庄的生产生活影响及群众的不稳定情绪。确保了南水北调工程的顺利进行和辉县的社会稳定。

三、思考与启示

通过对南水北调辉县段倒虹吸影响的处理，得出以下启示：

（1）领导重视是关键。此案例中，省市领导亲自协调，亲自指导，全程指示，对降水影响问题的处理起到了关键性的作用。

（2）实事求是是根本。坚持以人为本、真心为民、实事求是，转变基层工作作风，准确、深入地调查分析问题，才能妥善处理、解决问题。

（3）强化措施是手段。解决倒虹吸降水影响问题，不能仅靠地方征迁一个部门，此案例中，征迁、建管、设计、监理等各部门，各负其责、互相配合，促进了整个工程影响问题的解决。

（4）维护稳定是目的。南水北调辉县段倒虹吸降水影响问题的解决，维护了群众根本利益。稳定的不仅仅是受影响群众的情绪，而是关系到群众对党的信任，只有意识到这点，才能应对社会转型期的各种复杂挑战，为改革发展创造平安稳定祥和的社会环境。

科学规划弃渣场以减少耕地占压实例
（湖北省）

湖北省引江济汉工程管理局

周凯

一、背景与问题

引江济汉工程是南水北调中线一期汉江中下游四项治理工程中土方开挖回填量最大的工程。根据水利部水规总院审查和国务院南水北调办批复的《引江济汉工程初步设计报告》和《引江济汉结合通航工程设计变更报告》，引江济汉工程渠道全长 67.23km，内坡坡比 1：2～1：3.5，外坡坡比 1：2.5，渠底宽 60m，土方开挖回填总量约 5700 万 m^3，规划弃渣（土）面积约 1.9 万亩。工程进口段短短 4.1km，却依次布置有泵前渠道（含进口渠道、沉螺池、沉砂池）、泵站、进水节制闸和荆江大堤防洪闸，该段开挖回填平衡后弃渣量为 1186.4 万 m^3（不含通航工程），规划弃渣面积 4434 亩，分别占工程规划总数的 21%、23.3%。

按照国务院南水北调办合理利用土地资源、尽量少占耕地的要求，湖北省南水北调办组织湖北省引江济汉工程管理局（简称引江济汉管理局）、荆州区南水北调办、征地移民设计单位进行临时占地优化方案研究，拟定在荆江大堤（非直接挡水断面）部分内外平台设置弃渣（土）场，经报请省级堤防主管部门审批同意后，将大堤内外平台作为弃渣场及渣土的"中转消纳场"，准确掌握土石方平衡与施工占地的关系，合理安排弃渣（土）计划，及时化解在大堤内外平台实施弃渣过程中存在的矛盾问题，并按照相关标准和要求做好堤身堤貌恢复工作，做到了工程建设与堤防安全统筹兼顾，有力地推进了工程建设。

二、主要做法

1. 优化弃渣（土）场设计的提出

2010 年 3 月 26 日，引江济汉工程正式破土动工，工程征迁拆迁安置工作进入全面实施阶段。根据湖北省政府专题会议纪要，引江济汉工程征地拆迁安置工作实行"权力下放，任务和资金双包干"的原则。永久征地由省国土资源厅负责，临时用地、拆迁安置投资由省南水北调局与市、县（区）政府签订资金任务包干协议，委托地方政府组织实施。

2010 年年底，工程永久征地完成后，工程进口段所在村组人均耕地面积不足 0.3 亩，而在后续主体工程建设过程中，也将临时占用一定数量的农田作为弃渣（土）场。为此，当地政府及群众提出优化设计临时用地弃渣场的建议。为合理解决这一问题，湖北省南水北调办经济发展处通过详细的现场调查，与当地南水北调办和堤防主管部门充分协商，反复比选弃渣（土）场方案后，最终选定荆江大堤内外平台作为弃渣（土）场，并委托长江勘测设计研究有限责任公司引江济汉工程设代处在不突破规划面积前提下设计具体的弃渣（土）场布置方案，并向荆州市长江河道管理局报送了有关方案。

根据省水利厅批复的"引江济汉工程进口段施工临时占用荆江大堤内外平台方案"和省南水北调办与相关县（市、区）政府签订的征地拆迁投资包干协议，荆州区南水北调办与土地权属单位荆州市长江河道管理局荆州分局分批次签订了面积总约 1109.16 亩的临时征地协议，设计总弃渣（土）量 584.4 万 m^3，相当于减少占用耕地 2900 亩（按平均堆高 3m 计算）。

2. 占用内外平台实施弃土（渣）过程中存在的问题

2011 年 6 月，施工单位开始向荆江大堤内外平台弃土（渣）。在占用荆江大堤内外平台弃土（渣）施工过程中，省南水北调办现场建设管理单位引江济汉管理局会同监理单位加强现场管理，未发生安全事故。同时也十分注重与堤防管理部门的沟通和协调，在推进工程建设进度的同时，也确保了施工期度汛安全和荆江大堤的防洪安全。

但引江济汉工程与中线干线工程相比，开工时间较晚，为确保通水节点目标如期实现，参建各方更多的将人力、机械等资源投入到主体工程施工当中，对弃渣（土）场临时用地管理重视程度不够，没有完全按照之前拟定的弃渣（土）方案要求实施，具体表现在以下几个方面：

（1）弃渣（土）场临时用地移交手续欠严谨、规范。一是临时用地协议不够严谨。内外平台弃渣（土）场移交施工单位使用后，相关单位没有对建筑渣土能否上堤、延期使用的责任作出明确规定。二是进口段内部弃渣场调整手续不完整。根据整体征地拆迁进度和工程进度需要，工程监理单位对进口段各标段招标合同安排的弃渣场进行了调整，但没有及时跟进履行相应变更手续，导致各施工单位责任段面不明晰，存在交叉弃渣现象。

（2）内外平台弃渣（土）场局部堆土高度超设计上限。在实施弃渣（土）

过程中，由于进口段三个标段土方开挖时间相对集中，弃渣强度大、且作业面狭窄（堤顶道路宽 8m），重型自卸车难以错车，有的施工单位为节省运输成本，在选择弃渣位置时"舍远求近"、无序弃渣，造成弃渣场局部超过设计堆高近 1～2m，据现场丈量估算，超高堆土约有 110 万 m³。

（3）施工单位管理控制弃渣场不力。一是水下开挖范围扩大。根据招标合同文件，工程进口段渠道标口门段约有 50 万 m³ 水下开挖土方，受运输道路及阴雨天气等条件限制，施工单位扩大了水力开挖范围，渣土脱水干涸所需时间更长，渣场容纳能力变小，加之弃渣场内部没有开沟排水，机械设备难以在短时间开展平整作业，加大了后期复垦难度。二是日常管理缺失。外来单位及个人随意在弃渣场取土，造成了一定数量的积水坑，地势高低不平，影响了堤容堤貌，增加了土地平整的工作量。

（4）弃渣场水土保持防治措施没有到位。施工单位没有在弃渣场坡脚采取排水及拦挡措施，边坡不稳定，极易造成水土流失等问题，并由此带来流沙淤塞周边沟渠，淹没附近农田等安全隐患。

上述问题看似施工管理问题，实则严重影响临时占地复垦及存在水土流失隐患，甚至会影响弃渣场周边农田耕种。湖北省南水北调办根据问题及时研究制定了措施。

3．规范管理进口段弃渣场的措施

（1）强化合同约束，将荆江大堤内外平台整治效果与工程款支付挂钩。一是明确划分责任段面。根据进口段各施工单位弃渣总量及弃渣场实际使用情况，划分了各自责任段面。二是明确节点目标。分别设立了 2014 年 12 月底前完成任务的 30％、2015 年 1 月 15 日前完成任务的 60％、1 月底前完成任务的 95％、2 月 10 日前完成全部任务的节点目标，对按节点完成任务的施工单位给予一定数额的奖励，对未按期完成任务的施工单位，采取暂扣工程款作为延期用地保证金、函告总公司等措施，要求其加强项目部管理，加大资源投入力度。三是强化合同履约。施工单位完成交地前，建管、监理单位暂不受理工程变更结算。通过以上措施，倒逼施工单位合理配置机械设备用于弃渣场整治，确保了节点目标任务的完成。

（2）加强弃渣（土）消纳、统筹协调，将渣土处置与渣土利用项目的对接。整治荆江大堤内外平台弃渣（土）场期间，恰逢荆江大堤综合治理工程及荆州农高新区场地平整项目启动亟须大量砂土资源。为此，上述项目主管单位多次与进口段各施工单位协商在荆江大堤内外平台弃渣场取土事宜。在引江济汉管理局与渣土利用项目主管部门的见证下，进口段施工单位与取土方施工单位达成弃渣场移交协议，超高堆土的弃渣场交由取土方使用并负责整理移交土地权属单位，这样一方面给大量渣土找到了"容身之处"，另一方面又能大大降低整理土地成本，初步估算，外来项目共消纳渣土约 100 万 m³。

（3）强化技术帮扶指导，将内外平台整治与后期管理需要对接。促请河道堤防主管部门荆州市长江河道管理局现场派员提供整治技术指导，一方面在内外平台禁脚边线开挖排水沟，以截断或排出弃渣场来水，并采取拦挡措施，防止水土流失损坏农田，不影响周围居民的生产生活；另一方面根据弃渣场现有地势地貌，在有利于防洪安全、有利于河道管理的前提下，就近转运、就近整平，尽可能做到显出堤身及堤型，渣场内部转运消化土方约 10 万 m³。通过与河道堤防管理部门提前沟通对接，内外平台弃渣场整治取得了事半功倍的效果，得到了河道堤防管理部门的理解和认可。

三、思考与启示

经过各方的共同努力配合，整治后的荆江大堤平台内外弃渣（土）场宽度、坡度、平整度、排水及防护措施均达到省水利厅批复及施工合同要求，并于 2015 年 3 月整体交付地方河道堤防管理部门复垦，基本实现了减少占压耕地数量预期目标，而且也较好地满足工程建设用地需要，同时也有利于加固大堤。从现场建管单位角度归纳起来，主要有以下认识和体会：

（1）建立健全临时用地管理机制是开展工作的关键环节。结合引江济汉工程征迁安置工作管理体制主要特点，地方南水北调办作为临时用地征用、复垦的责任主体，而现场建管单位作为临时用地直接使用单位的管理者，为做好临时用地征用、使用管理、平整复垦等环节衔接，双方要建立健全临时用地使用管理办法，重点明确施工方使用临时用地的具体要求（包括使用起止时间、位置面积、表层土剥离、弃渣形式及压实标准、平整度、延期用地责任等），用制度约束施工方，督促其在实施过程中规范使用临时用地，提前谋划组织平整土地，这样可以很大程度上减少后期收尾工作难度。

（2）各级河道堤防管理部门的鼎力支持和积极配合是开展工作的重要基础。各级河道堤防管理部门，一贯重视引江济汉工程建设，及时成立工作专班，建立协调机制，在工程施工涉及河道堤防管理有关事宜方面，全力以赴，积极配合，组织召开专题座谈会，听取有关工作汇报，及时批复《引江济汉工程进口段施工临时占用荆江大堤内外平台方案》，大力支持工程前期准备工作，为工程建设创造了良好的用地条件。在具体实施过程中，地方河道堤防管理部门派员现场指导埋设弃渣（土）场界桩，并就占用内外平台弃渣（土）超高堆存的问题，多次赶赴现场给予技术指导，提出具体的建议及要求；特别是在荆江大堤内外平台弃渣（土）场整治期间，地方河道堤防管理部门提供荆江大堤综合整治工程的一些施工区域配合工程建设单位消纳了相当一部分超高堆放土方。

（3）督促监理加强临时用地日常监管是开展工作的必要手段。现场建管单位要督促工程监理和征迁监理充分履行"三控二管一协调"（质量控制、进度控制、投资控制，合同管理、信息管理，组织协调）工作职责，将临时用地使用管理纳入其日常工作范围，工程监理与征迁监理要做到分工不分家，工程监理对施工单位弃土方案进行严格审核把关、科学指导，对减少后期遗留问题将有积极的作用；征迁监理对临时用地使用情况进行检查，对发现的问题及时与建管单位进行沟通，尽量减少多征少用、早征晚用、超高堆放、表层耕作土剥离不规范等问题，为临时用地整理复垦提供有利条件，避免因使用不规范造成征用时间延长而增加投资。

第七篇
监理和监测评估

卤汀河拓浚整治工程征地移民监理实践
（江苏省）

江苏河海工程建设监理有限公司

沈磊　张梅

一、背景与问题

南水北调东线一期卤汀河拓浚整治工程是江苏省境内南水北调工程最大的项目，全长 55.9km，搬迁居民户 674 户 2335 人，永久征地 2065.46 亩，临时用地 10969.25 亩，拆迁各类房屋 76817.08m²，影响企事业单位 90 家，另涉及部分影响交通、水利、输变电线路、通信等专业项目需要复建、迁建，征地补偿和移民安置任务繁重。征地影响范围涉及扬州市江都区 1 个镇 2 个村，泰州市 3 个县（市、区）15 个乡（镇）41 个村。影响地区由南向北分布为泰州市海陵区、姜堰区，扬州市江都区，泰州市兴化市，包含了城区（海陵区）、集镇（姜堰区华港镇）、农村（兴化市、江都区）各种类型。

本工程的建设征地和搬迁安置工作从 2010 年 11 月开始实施。当时面临的主要困难是城区的搬迁工作，主要存在以下 3 个主要问题：

（1）搬迁户实物量补偿标准低。以砖混房为例，补偿标准为 500 元/m²，而按当地物价计算，重建价为 1100 元/m² 左右，补偿标准相对较低。

（2）受其他工程或城镇建设拆迁工作影响。由于以前实施的高速公路、铁路、城镇拆迁补偿标准高，工作办法不同，此次征地补偿和搬迁安置工作受到影响。

（3）河道两岸需要拆迁的企业量大、类型多，补偿标准制定和补偿办法落实有难度。

征地移民监理作为社会咨询机构，由工程项目法人或上级政府聘请、授权、以政策专家的身份帮助各级政府实施移民安置项目，必须及时研究新情况，以解决新问题，化解新矛盾，满足不断发展的工作的需要。

181

二、主要做法

（一）重点把握移民工作中的难点

1. 坚持公开原则，保障搬迁户知情权和参与权

在本项目实施过程中，监理方要求相关各镇、各村将补偿标准、搬迁户的补偿实物量进行张榜公示。公示过程中，搬迁户表达了对补偿标准太低的不满，主要是相对其他项目（铁路、公路等）在海陵区实施时的补偿标准高于本项目的补偿标准，不是对公示本身的不满。为此，海陵区政府在安置政策上作出调整，进行了妥善安置。在公示结束、签订完补偿协议后，搬迁户如对其他搬迁户的补偿有怀疑，可以查阅其他搬迁户的补偿协议，这是公示的延续，也是公开性的一种体现。有的安置房建设过程中，从设计评审开始到施工过程，都邀请了搬迁户代表参加，做到了移民安置工作全过程的公开。

2. 坚持公平原则，保障搬迁户权益

整个工程涉及的 4 市（区）房屋及附着物的补偿标准保持一致，体现公平。在此基础上，由于各市（区）、各乡（镇）、村的经济条件不平衡，所享用的资源不一样，在尊重搬迁户意愿、结合当地情况和城镇规划的情况下，对生活安置采取了多样化方式。如江都区采取分散、后靠安置；兴化市有大的集中安置区，也有安置了几户的小集中安置；姜堰区、海陵区靠近城镇区，都采用集中安置。在建房方式上，有集中自建、统建、分散自建方式。安置方式实事求是，不搞一刀切，实施形式的多样化和选择的自主性体现了更深层次的公平性。

实践表明，采取一致的补偿标准、多样的生活安置方式和属地化的安置政策，能有效解决各地经济发展不平衡、不同工程拆迁政策差异和城乡差别带来的问题，是实现公平的可行办法。

3. 坚持公正原则，保障搬迁工作的社会正义

（1）房屋及附着物补偿标准的细化。卤汀河拓浚整治工程统一实施的房屋补偿标准是根据房屋结构（钢混、砖混、砖木、土木）分类进行补偿；针对城区的房屋装修程度差异性大的情况，没有采用统一的装修补偿标准，而是按照公正性原则制定了豪华装修房屋的补偿标准；对原补偿标准中没有明确的生活水桥、护房驳岸、桩基础等实物，也同样按公正性原则制定新标准，力求做到与原有标准相适应。

（2）企业单位补偿标准制定体现的公正性。企业单位补偿费用包括征地、房屋和附属建筑物、设备搬迁及损失、停产损失、基础设施等。由于企业单位

类型众多，除房屋和附属建筑物外，其余部分无法制定统一标准，因此，在实施过程中，按照公平性原则根据实际情况制定标准。企业单位用地分为集体土地和国有出让土地，集体土地为当地村委会所有，企业单位退租即可，不予补偿；国有出让土地由县（市、区）国土局按拆迁时价格进行评估，按评估价补偿。设备搬迁及损失及基础设施费用聘请专业评估机构进行评估，制定补偿标准。固定设备按残值、搬迁设备按搬迁费进行评估、补偿。基础设施则按残值进行评估、补偿。停产损失费按照企业规模制定补偿标准，即按照受损失的主要实物量（房屋和设备）的补偿费为基数按一定的比例计算，防止了因小型企业不规范运行、自报数据不准确造成的补偿混乱，此标准最终得到了顺利实施。

（二）主要措施

征地拆迁工作是涉及国家、集体（村委会、企业）、个人等各方利益的复杂工作。程序正义，坚持原则，严格程序，走法制化之路是在确保各方利益的同时保证工作顺利实施的有效手段之一。

1. 严格审核各种补偿协议

各种补偿协议（搬迁户、企事业单位、临时用地、专业项目迁建等补偿协议）和各方利益直接挂钩，看得见、摸得着。审核协议是监理的主要工作，也是投资控制、质量控制的主要手段。

首先，审核协议条款是否正确、合理。例如，兴化市按照农村移民来设置搬迁补偿协议，补偿费的付款方式按照旧房拆除和新房建设进度的节点分批次付款，以促进搬迁户建房。海陵区统建房由于补偿款抵充新房购房款，补偿协议中补偿费的付款方式按照旧房拆除（交房）节点支付；付款对象也有不同，购房款部分直接支付给村委会。

其次，审核协议是否按标准如实补偿，补偿对象是否正确。例如，某村的临时用地补偿协议，附表中的树木等附着物，未明确权属人，审核时要求村委会必须在协议中明确个人财产与集体财产。

2. 严格实行企业拆迁验收程序

当征地红线从企业单位中间穿过时，如何认定这个企业需要局部拆迁还是整体拆迁是工作的难点，在缺少权威部门来认定红线外资产能否再利用的情况下，部分企业单位可能把实际不受影响的红线外资产也提出补偿。针对这种情况，监理方在企业补偿协议里设置了全部拆除并验收后付清补偿款的条款，防止钻政策空子。

拆除后由企业提出验收申请，乡（镇）、县（市、区）征地拆迁机构、监理单位共同参加验收，并在验收单上签字。验收通过后，向企业支付剩余补偿款。如海陵区一家企业验收时，现场察看发现红线外房屋没有拆除，未同意验收，不支付补偿款；兴化市有相距不远的两家企业，一家没有全部拆迁，红线外资产也没有补偿；另一家申请全部拆迁补偿，但红线外房屋没有拆除，屡次申请验收都没有通过，后来该企业只好全部拆除，钻空子的想法落空。严格验收程序有力地打击了不端企业，维护了搬迁补偿工作的公正、公平。

3. **严格实行临时用地验收交接程序**

根据以往的征地工作经验，在临时用地使用过程中，工程施工单位与被征地农户或村委会经常发生矛盾，大部分情况是施工单位违规进场，损害农户的实物。为防止这种情况在卤汀河拓浚整治工程中出现，监理方明确了临时用地交地验收程序并严格执行。首先，施工单位在交地验收前不得进场施工；其次，临时用地补偿协议设置交地验收后付清补偿费的条款；再次，村委会移交验收申请，验收单明确提出"地面附着物已经全部清理或放弃"；最后，由村委会、乡（镇）、县（市、区）移民机构、移民监理、工程建设单位、施工监理、施工单位共同验收，简化程序，提高办事效率。验收通过即交地工作完成。施工单位完成施工后，临时用地移交村委会时也办理同样的手续，以防止村委会对施工单位清场后不满意产生纠纷。

三、思考与启示

卤汀河拓浚整治工程征地补偿实施中，受外部环境影响面临重重困难，经过三年时间的实施，征地补偿和拆迁安置工作基本顺利完成，搬迁户、企业单位对补偿和安置结果比较满意，各方利益得到了保证。根本上归功于"公平、公正、公开"原则的贯彻实施，"一把尺子量到底"。征地补偿和拆迁安置工作各参与方，都要有一颗公平、正义的心，这样不管工作的地点和时空有任何演变，外部环境有如何变化，一切困难都会迎刃而解。

移民监理作为独立性较强的机构，应和地方政府休戚与共，想政府所想，急政府所急，共同推进、完成工作。用一颗服务的心，用积极、主动的态度开展工作，用专业的知识、经验和能力帮助政府规范化地做好工作，多替政府想问题，多提合理化建议，充分发挥移民监理作用。同时要不断加强专业政策理论水平，提高解决问题的能力。

南水北调工程征迁实物量复核监理工作实践（江苏省）

江苏淮源工程建设监理有限公司

朱新珍　　包荣萍　　衷秋

一、背景与问题

南水北调工程征地拆迁项目主要由征迁办组织实施、移民监理监督协调及地方组织参与共同完成。为确保征迁工作的顺利进行，保障国家、群众的利益不受损害，监理工作的实施起到了重要作用。

在移民监理工作中，质量控制是进度控制与资金控制的基础，决定着移民征迁的进度与征迁资金的支付。质量控制主要体现为实物量复核工作，它是以国家批复的概算表中的实物量数据、分类标准为依据，以"公平、公正、公开"为原则，对征迁红线范围内的实物量数量、实物量类型及拆迁户进行复核确认，反应征迁阶段实物量数据、类型的真实情况，为下一步移民征迁工作提供依据。

二、主要做法

实物量数据是征迁资金拨付的依据，是对征迁质量控制的关键所在。南水北调工程从申报到实施，时间跨度长，因此必须对征迁实物量进行复核，对国家批复的实物量指标进行增补、删减，对实物量数据进行比对、分析。

（一）实物量复核的前期准备工作

实物量复核工作的好坏，关系到后期投资控制及进度控制，因此，在开展之前须做好充分的准备工作。

1. 做好政策宣传工作

（1）深刻认识做好政策宣传工作的必要性和紧迫性。从南水北调实物量复核的工作情况来看，存在的问题可以形象地概括为"法规死、现实活、社会情况复杂、拆迁户期望高、征迁资金有限、社会矛盾尖锐、征迁工作难做、事情难办"。针对上述主要问题，移民监理坚持"以人为本，公开、公平、公正"原则，努力保障拆迁户的合法权益。南水北调工程为了符合向北方输水的水质要求须改善河流水质，因此南水北调工程的建设可使原本脏乱差的河流堤岸变成风景宜人、景色秀美的水景环境，不仅能促进地方经济的发展，同时还能改善被征迁户的生产、生活条件。有些被征迁户为了能从征迁中多获得利益，无视国家法规政策，抢搭、抢建、抢栽、抢种。因此做好政策宣传工作是一项必要而紧迫的工作，是实物量复核工作得以顺利实施的关键所在。

（2）做好政策宣传工作的方式、方法。南水北调工程备受广大人民群众的关注，为抓好拆迁宣传发动工作，在报纸、电视台、网络等主流媒体上刊登工程建设相关信息。通过拆迁工地流动宣传车、拉横幅、橱窗、展板、张贴公示、逐户发放宣传手册等形式多渠道地向拆迁户宣传国家南水北调工程实施的意义、必要性，以及国家、地方相关移民安置政策、法规，真正意义上做到家喻户晓。宣传告知拆迁户响应征迁工作对国家及地方的益处，让拆迁户接受、理解并支持南水北调工程建设移民安置工作。列举拆迁中的正反两面典型事例，褒扬先进，鞭策落后，把拆迁工作置于社会各界的监督和评说之下，营造全民支持项目建设的良好氛围。

2. 做好实物量复核准备工作

移民监理的工作对象具有群体性、特殊性，对移民监理人员的协调能力、政策解读能力要求较高。首先移民监理应熟悉征迁、土地法等相关政策、法规；熟悉国家批复的实物量赔付标准、实物量指标数据；熟悉移民征地实施方案；熟悉土地类别的界定、房屋结构的划分等专业知识；熟悉各地方征迁办法、征迁工作流程。其次移民监理人员虚心向征迁工作人员、房屋评估公司人员学习，对征迁工作做到全面熟悉与了解，应对实物量复核工作过程中的各类问题。

3. 做好协助、培训工作

参加实物量复核工作的人员一般为征迁办的人员、村（居）委会人员、水利系统工作人员，对于工程征迁的特点、国家批复的实物量指标、赔偿标准不甚了解；移民监理人员要协助上级部门对参加实物量复核工作的征迁办人员、村（居）委会人员、水利系统工作人员进行培训，统一实物量复核的工作方法、工作流程、实物量指标的划分标准。

（二）实物量复核实施阶段

实物量复核主要参加人员为征迁机构工作人员、移民监理、地方代表（参与协调工作）拆迁户等组成。目前征迁工作中普遍存在的问题是拆迁户对征迁工作者的不信任及想在征迁过程中多得利益的思想。移民监理在征迁现场的重任就是让群众相信实物量复核工作的公平、公正，相信实物量复核数据的科学性、有效性。在实物量复核工作中，主要采用的做法为：

（1）做好公示工作。在实物量工作开展前，首先进行广泛的宣传工作，告知拆迁户拆迁工作的必要性、拆迁范围、补偿标准（非赔偿）、拆迁实物量，并对上述内容进行公示。

（2）规范实物量复查表格、表式。移民监理制定统一的实物量复查表格、表式，相关表格的制作要做到科学化、规范化，并易操作。通过现场技术指导、事后随机抽查、过程审核签字等程序，确保实物量复核资料表格的填制规范、计算准确、账物相符、账账相符、文字与表、图相符。

（3）多方参与征迁现场复核。移民监理与征迁机构工作人员、村（居）委会人员、拆迁户四方共同对实物量展开复核工作。遇到分歧和矛盾共同协商，与地方代表沟通，与设计单位协作，形成统一意见。另外，对可能造成实物量复核指标失实的因素进行甄别分类，有针对性地进行预案。对在实物量复核过程中，遇红线压盖的实物量，可根据实际情况将其全部纳入实物量复核范围或者与设计人员协调变更红线范围。

（4）分块、分区段实施实物量复核工作。在南水北调征迁项目中，有些征迁项目不大，但地点极其分散，不利于实物量复核工作的进行。对于分散的征迁项目，在实物量复核工作开展之前，先做好时间上的统筹安排、人员上的协调到位、征迁地点上的就近集中，降低地点分散带来的不利条件。

（5）实物量复核过程中矛盾的处理。在实物量复核过程中，对于抢搭、抢建、抢栽、抢种的现象，为便于现场实物量复核工作的开展，移民监理现场增加新建、新栽等实物量类型，实物量数据仍据实统计，并经拆迁户签字认可、现场拍照留存。实物量复核工作结束之后，将实物量复核数据按村进行汇总，影像资料及新建、新栽实物量数据上报上级主管部门，由政府部门进行发文通告，对新建、新栽的实物量坚决不赔偿，并由农户自行清理。

（6）企事业单位实物量复核工作。企事业单位实物量复核工作由征迁机构工作人员、移民监理、被拆迁单位、评估公司人员共同进行。对于国家批复中不存在的项目及实物量指标，现场由四方人员共同对实物量的指标、实物量复核采用的计算方法、赔偿标准进行沟通，并取得被拆迁单位对实物量数据及赔偿标准的认可。

（7）专项设施的实物量复核工作。专项设施的实物量复核工作，由移民监理、征迁机构工作人员、专项设施所属单位负责人、专业技术人员共同进行。在实物量复核现场，需对专项设施的类型、规模、材质等进行复核，复核结果由各方进行签字确认。

所有实物量复核之后形成的数据，根据《大型水利水电工程建设征地补偿和移民安置条例》中关于"实物量调查应当全面准确，调查结果经调查者和被调查者签字认可并公示后，由有关地方人民政府签署意见"的规定，经现场复核人员共同签字认可。这样做的目的是为了对明显错误的复核数据进行现场纠正，减少后期实物量数据的变动及实物量复核工作的反复进行，利于对后期补偿资金的概算和对投资的有效控制。

（三）实物量复核后期纠正阶段

（1）实物量复核错漏情况。当实物量复核工作的某些部分的质量未达到要求时，要及时做出补救的决定。例如，在实物量复核工作中，难免会出现征迁实物量重复、遗漏或者张冠李戴的情况；在土地面积复核中，因移民监理自身专业水平的限制、对土地分类方法的熟知程度会对土地性质的界定出现错误的分类情况；对树木、果木年限界定不清的情况；对专项设施认知不清的情况；经张榜公示后，接到群众的反映或投诉，移民监理应立即会征迁机构工作人员、实物量问题所在村（居）委会征迁工作人员、拆迁户到现场进行实物量复核更正工作，各方现场对实物量数据、类别、界定的标准达到一致认知后，签字确认，进入下一流程。

（2）征迁红线变动情况。在初期的实物量复核工作结束之后，征迁按照工作流程进入实际征迁阶段。在此阶段，会遇到各种原因使得用地红线发生变更，从而需对实物量数据重新进行复核、签字确认。

为进一步加强对实物量复核数据的管理，便于后期对征迁实施机构的征迁进度、征迁资金进行管理、对征迁过程中的实物量数据进行跟踪，应将复核后的实物量数据建立数据库，一户一数据，一组一统计，一村（居）一核实；对于实物量数据的管理，是一个动态管理的过程，它随着征迁工作的不断深入，不断地补充和完善。

三、思考与启示

实践证明，实物量复核工作是移民监理工作的关键，它不仅关系到后续补偿及征迁进度的控制，还关系到社会民众对公平原则的期待，一视同仁、不偏不倚，公正的实物量复核工作，真实、可靠、准确的数据，会提高征迁工作的效率，最大程度地保障被征迁人的利益；通过用地界线划定、实物量复核及各方签认等工作，保证了水利工程征迁工作的顺利实施。

水利工程移民投资占工程项目的比例相当大，甚至成为项目是否成功决策的关键因素。因此，在水利工程移民监理工作中，要重视实物量复核工作，要事前做好准备工作，保障实物量复核工作的顺利开展；事后做好跟踪管理，做好数据的动态管理工作。

济南～引黄济青明渠段输水工程征迁安置监测评估工作实践
（山东省）

南水北调东线山东干线有限责任公司

黄　茜

江河水利水电咨询中心

董泽辉

一、背景与问题

南水北调东线第一期工程济南～引黄济青明渠段输水工程是胶东输水干线西段工程的重要组成部分，输水线路全长 111.260km，其中沿小清河左岸新辟明渠输水段长 76.685km，入小清河分洪道后，利用小清河分洪道开挖疏通分洪道子槽 34.575km。全线自流输水，设计输水流量 50m³/s，加大输水流量 60m³/s。该段工程实施后，可贯通胶东输水干线西、中、东三段工程，将长江水调至整个胶东供水区。

明渠段输水工程沿途经济南市的历城、章丘，滨州市的邹平、博兴，淄博市的高青、桓台，东营市的广饶共 7 个县（市、区），经招标确定由江河水利水电咨询中心承担本工程征迁安置监测评估工作，监测评估期自 2010 年 8 月至 2013 年 2 月，为工程征迁安置的依法、有序、规范、高效实施提供了保障。

二、主要做法

（一）监测评估的工作程序及内容

在明渠段输水工程征迁安置工作开始之前，对工程沿线济南、滨州、淄博、东营等市征迁群众搬迁前的生产生活情况进行基底调查，确定搬迁前群众和安置区居民生产生活水平，建立比较的标准；征迁安置工作开始后，每年对征迁群众生产生活水平进行持续监测评估，同时开展各征迁专项调查；最后进行总体监测评估，并提交监测评估总报告。

（二）工程总体监测评估情况

1. 监测过程

江河水利水电咨询中心的外部监测专家组成监测评估工作小组，制订监测评估工作大纲与调查表格，对监测评估人员培训与研讨，制定抽样调查方案；开展现场监测，访谈项目管理、实施机构、居民户、企事业单位，召开座谈会，现场实地考察，收集各项资料；对搜集资料进行整理，运用相关方法计算分析，进行评估，编写报告。

2. 监测评估成果

（1）征迁安置完成情况。明渠段输水工程征迁安置工作于 2010 年 8 月至 2015 年 2 月，征迁安置任务全部完成，补偿资金全部兑付到位。工程永久征地 12941.08 亩，临时占地 4011.10 亩，搬迁安置 481 户 1689 人，集镇安置 1 个，各类村副业补偿 46 个，事业单位安置 3 处，各类店铺 15 个，专项设施迁建 60 项。工程影响遗留问题批复方案及征迁安置各阶段验收已完成。

（2）机构设置及运行管理情况。山东省南水北调工程建设管理局负责制定征迁安置政策、投资和宏观协调工作，下设征迁安置处，负责对征迁安置的实施进行管理、监督、协调和技术指导工作；工程涉及的济南市、滨州市、淄博市、东营市及各县相应设立工程建设管理局和指挥部、乡（镇）成立征迁安置工作组，在本级人民政府的领导和上级征迁安置机构的指导下，按照签订的征迁安置责任书，负责本行政区范围内的征迁安置工作；各级机构重视干部业务技能和业务素质的培训，组织学习了有关南水北调工程总体规划设计、建设施工管理程序、征迁安置相关政策法规等重点内容，并对其他地市工程建设管理中的先进经验进行学习交流。

从监测过程来看，各级实施机构管理体制顺畅，符合国务院、山东省的有关规定，保障了征迁安置工作的顺利开展。

（3）征迁户生产生活水平恢复情况。实地调查了工程征迁安置样本户 2009—2011 年的家庭生产生活水平恢复情况。针对不同年份进行对比分析，考察征迁户家庭收入水平恢复情况。

1）人均纯收入。根据监测小组多次调查获得的数据，征迁安置影响的征迁样本户，2009 年人均纯收入 4883 元，2010 年人均纯收入 4567 元，2011 年人均纯收入 5550 元，人均纯收入 2010 年比 2009 年虽有所下降，但 2011 年收入提高较多。

2）收入结构。根据抽样调查，汇总得出明渠段工程 2009—2011 年经济收入结构分析见表 1。

表 1   2009—2011 年经济收入结构分析

项目名称	年份	项目	农业	副业	商业	打工	工资	其他	人均纯收入
明渠段工程	2009	人均收入/元	2222	966	203	847	508	136	4883
		所占比例/%	45.5	19.8	4.2	17.3	10.4	2.8	100.0
	2010	人均收入/元	1066	790	458	1714	427	112	4567
		所占比例/%	23.3	17.3	10.0	37.5	9.3	2.5	100.0
	2011	人均收入/元	739	729	568	3003	278	112	5550
		所占比例/%	13.3	13.1	10.2	54.1	7.2	2.0	100

从统计上来看，2009 年明渠段征迁户经济收入以农业收入为主，占总收入比例的 45.5%；2010 年征迁户的经济收入仍以农业和打工收入为主，其中农业收入比例降低到 23.3%，打工收入比例提高到了 37.9%；到 2011 年，打工收入比例增加至占总收入的 54.1%，超过了一半。与 2010 年相比，2011 年明渠段征迁户的打工收入无论是绝对收入还是在总收入构成中的比例都有明显增加，这一方面是由于交通等外在条件的改善，为外出或就近打工带来便利；另一方面也得益于近年来的劳动力价格上涨等社会环境的变化。

（4）公众参与、抱怨与申诉。明渠段输水工程征迁户公众参与采取以各行政村主任为联络员的参与形式，负责听取群众意见，并向上级主管部门反映群众的呼声。山东省监察厅、山东省水利厅对工程涉及区县指挥部的征迁安置工作进行执法监察；各项目工程影响涉及的市纪检监察机关对本市组织实施的征迁安置工程进行执法监察；各县成立相应的征迁安置监督机构负责监督征迁安置实施中的政策执行、补偿、安置等问题，一旦发现问题及时汇报，政府负责处理，必要时由上级政府处理。违法乱纪由司法部门处理，同时建立了宣传部门参与的监督机制。

监测发现，实施机构在征迁安置的实施过程中，建立了透明、有效的抱怨和申诉渠道，已将抱怨和申诉途径通过座谈会等方式告知了群众，征迁户抱怨和申诉的渠道畅通，征迁户知道当自己的权利受到侵犯时的申诉途径。对于不太了解国家征迁安置政策、流程的部分农民，实施机构加强与群众的沟通交流，派出专人入户进行讲解，取得了他们的理解和信任。

3. 结论

（1）机构设置及管理评价。机构建设基本到位，形成了各级各部门密切配合、通力协作的征迁安置工作格局。各征迁安置实施机构工作成效明显，征迁安置过程比较顺利。规章制度完善，征迁安置资金管理符合程序。政策宣传有效，信息公开。通过调查来看，群众对征迁安置政策比较了解。

（2）实施过程评价。征迁安置按规划的进度实施了搬迁，搬迁进度满足工程建设的要求。征迁安置后生活环境、交通条件、卫生状况、房屋质量等方面与搬迁前比较，均有一定的改善和提高，征迁户基本感到满意。信访比较稳定，征迁过程中没有出现大的矛盾。但工程征用耕地的农村居民受到的影响还是有的。

（3）效果评价。从实地调查来看，总体上搬迁安置群众与搬迁前比较，生产生活条件、人均收入等各方面均有改善和提高，征迁户对征迁安置比较满意。从总体上看达到了预期的目标，整体令人满意。

三、思考与启示

（1）征迁实施前、实施中的监测评估、开展的专项调查，为征迁安置实施管理工作依法、有序、规范操作提供了监督保障，为保障提高征迁群众生产生活水平提供基本依据。通过跟踪监测发现，济南～引黄济青工程征迁安置工作开展有序，地方各级机构责任心强，制定政策符合国家及地方规范性文件有法可依，各环节任务程序到位，拆迁和征地工作顺利完成，保障了工程建设进度，建设期间未出现群众上访和群体性事件。各项工作均在可控范围内，不论是移民资金的运用，还是资料的收集，都是比较规范的，征迁群众生产生活水平逐年提高。

（2）征迁实施后的监测评估，为后续研究当地经济发展，保障征迁群众权益提供了基础。经过实地抽样调查，济南～引黄济青工程征地群众在工程实施后人均耕地虽然减少，但群众靠打工和商业收入，2011 年收入比 2009 年征迁前有大幅提高。当地政府要认真研究，发挥主体责任，进一步加强就业技能的培训，增加农民的就业打工机会，拓宽农民的经济来源，使其能够尽快发展经济，鼓励他们走出去创业，最终达到提高生活水平的目的。另一方面，可采取措施提高土地质量，加大政策扶持力度，落实社会低保、养老保险制度等措施，确保征迁群众生活水平达到或超过原有水平，长远生计有保障。

第八篇
信访维稳

南水北调中线干线征地拆迁信访稳定实践
（河南省）

河南省安阳市南水北调办公室

马明福　　王华伟

一、背景与问题

南水北调中线干线安阳段工程全长 66km，2006 年 9 月 28 日开工建设，途经两县（安阳县、汤阴县）、三区（殷都区、龙安区、文峰区）和一个国家级高新技术开发区，工程建设用地涉及 14 个乡（镇、办事处）、85 个行政村。累计移交工程建设用地 2.78 万亩，其中永久征地 1.38 万亩、临时用地 1.4 万亩，搬迁安置人口 318 户、1428 人，新建集中安置居民点 8 个，拆迁房屋 9.6 万 m²，迁建电力、通信、管道等各类专项设施 315 条，搬迁企业、单位、村组副业 98 家。

在实施过程中，信访稳定工作始终贯彻整个征地拆迁工作，信访稳定工作与征地拆迁工作一并安排部署，一并检查落实。将信访稳定工作纳入县区征迁机构考核内容，实行一票否决，凡因领导不重视、措施不到位、处理不及时发生越级上访和群体性事件，造成恶劣影响的，一律取消南水北调征迁系统内单位和个人的年终评先资格。着力加强南水北调工程建设重大意义的宣传力度，严格规范征迁工作程序，将征迁政策和补偿标准张榜公示，充分保障征迁群众的知情权和参与权，从源头上减少信访事项的发生。将矛盾纠纷排查化解作为一项长效机制常抓不懈，坚持早发现、早介入、早化解，将不稳定因素消灭在萌芽状态，消灭在征迁工作第一线。成立信访稳定工作领导及办事机构，完善主任办公会定期研究信访工作、信访工作应急预案、阻工问题快速处置机制、党政领导公开挂牌接待来访群众、领导包案等各项信访工作制度，为信访工作提供了组织和制度保障。

据统计，2006 年 9 月 28 日安阳段南水北调中线工程开工以来，安阳市南水北调办共接待群众来访 165 批次 360 人，办理市信访局（市委群工部）、市委维稳办、市长电话、市长信箱等部门交办转办的信访事项 145 件。以上信访事项均按照国务院《信访条例》规定的程序、时限处理到位，化解率、办结率、满意率均为 100％，为工程建设营造了良好的施工环境，维护了南水北调中线干线沿线社会大局稳定。

二、主要做法

1. 切实做到"四个到位"，从源头上减少信访事项的发生

（1）领导组织协调到位。南水北调中线干线工程安阳段是河南省管项目首开工程。安阳市委、市政府对南水北调工作高度重视，把服务南水北调工程建设作为政治任务来抓，提出"安阳要创一流施工环境，为中线工程作样板"，要举全市之力支持南水北调工程建设，把南水北调征迁工作干得好坏优劣作为对沿线政府执政能力、执政水平的一次实际检验。从工程开工之初，就建立了市长办公会、秘书长协调会、部门联席会、现场组碰头会、工作例会、月汇报会、季度报告会等会议制度和情况通报制度，确保了联系渠道畅通和重大疑难征迁问题的及时解决。工程沿线县（区）党委、政府高度重视，定期、不定期排查矛盾纠纷，做好群众工作，县（区）党政主要领导深入一线协调解决征迁重大疑难问题。在具体工作推进中，全市各级征迁机构加强与建管、设计、监理、施工单位等相关部门的联系，对急需解决的问题进行细化、量化，建立工作台账，明确责任领导、责任人和完成时限，明确专人负责督促检查，确保各项工作落到实处。

（2）政策宣传教育到位。为在全市营造全力支持南水北调工程建设的良好氛围，安阳市充分利用报纸、电视、广播、网络等媒体，采取多种形式广泛宣传南水北调工程建设的重大意义、补偿政策和补偿标准，在沿线村庄、社区、单位张贴《安阳市人民政府关于为南水北调工程建设营造良好施工环境的通知》，粉刷固定标语，编制《南水北调安阳段工程征地移民实施工作宣传手册》，大到永久征地、临时用地、拆迁房屋补偿政策和标准，小到灶台、粪池、猪圈、电话移机补助规定等全部包括，发至每个县（区）、乡村和被拆迁单位、群众手中，使每个单位、每户群众心中都有一本明白账。针对个别群众对征迁政策理解不深不透的问题，征迁干部深入群众家中、深入田间地头，耐心沟通，仔细讲解，开展"一帮一"活动，直到群众完全明白。针对情况复杂、任务繁重、征地拆迁任务执行难的乡村，组织市、县、乡、村南水北调征迁机构，建管、设计、监理等单位组成联合工作组，深入现场，向群众讲解政策，甚至带领群众代表到上级有关部门咨询了解相关政策。通过广泛宣传，真诚沟通，使群众进一步理解了南水北调工程建设的重大意义，树立了"舍小家、顾

大家、为国家"的思想观念，在全市特别是南水北调中线干线沿线营造了支持南水北调工程建设的浓厚氛围。

（3）群众利益维护到位。在征地拆迁工作中，始终坚持"宣传动员在前，调查摸底在前，征迁补偿在前，群众合理诉求解决在前"，把维护征迁群众的合法权益放在首位，坚持阳光操作，规范使用。从设计调查、张榜公示、补偿协议签订到补偿资金兑付等各个环节，主动接受群众监督，做到了村中有公布榜，群众手中有明白卡，群众心中有明白账。在前期设计调查工作中，请征迁群众全程参与，并对实物指标调查结果签字认可。在资金兑付工作中，对于《征迁实施规划报告》中明确计列的补偿项目，严格按照补偿标准兑付到群众手中，对于漏登、错登补偿项目，安阳市南水北调办及时向征迁设计、监理单位和上级相关部门反映，按照程序办理。对于群众反映的补偿标准低等征迁工作中存在的政策性问题，及时向上级有关部门报告，提出解决问题的建议。针对施工影响问题，积极与建管单位沟通，协调施工单位采取封闭施工、改进施工工艺等措施，最大限度减少对群众的影响。

（4）资金管理使用到位。南水北调征迁补偿资金涉及千家万户，为确保征迁资金安全，在征迁工作中严格按照规范操作，政策公开，阳光操作。在补偿标准上公开、公平、公正，一视同仁，一把尺子量到底。对征迁资金专户存储，全程监督。从市到县（区）、乡（镇），全部做到了征迁资金"专户存储"。严格县（区）征地移民资金管理检查，不定期开展财务检查，杜绝了挤占、挪用征迁资金问题的发生，确保征迁补偿资金按标准足额兑付到群众手中。

2. 着力加强矛盾纠纷排查化解工作，将信访苗头化解在基层和萌芽状态

坚持"调防结合、以防为主"的方针，抓小、抓早、抓苗头、抓排查、抓化解、抓稳控，定期排查和不定期排查相结合，采取滚动式、不间断、全方位矛盾纠纷排查方式，排查不稳定因素纵向到底、横向到边，不留死角。一是建立矛盾纠纷排查化解工作台账，针对排查出来的每一起矛盾纠纷，明确责任领导、责任人员、完成时限和目标要求。二是实行领导包案制度，对于排查出来的重大矛盾纠纷，一律实行县级领导包案。三是始终将解决实际问题作为信访工作的出发点和落脚点，坚持思想政治工作与解决实际问题并重的原则，对于群众提出的合理诉求，不推不拖，就地协调处理，杜绝矛盾上交。

2012 年，因南水北调强夯施工对汤阴县李家湾鸡场造成影响，县、乡南水北调征迁机构有关同志了解到产权人有上访的倾向后主动介入，多次召开专题会议进行协调，并邀请河南省移民办干线组领导深入一线现场指导，协调南水北调施工单位和鸡场产权人签订了赔偿协议，当事双方均比较满意，避免了

越级上访的发生。

3. 建立健全各项信访工作制度，将信访工作纳入制度框架内运行

（1）建立领导机构并实行领导干部一岗双责制度。成立了以市南水北调办主任为组长，班子成员为副组长，市南水北调办各科和各县（区）南水北调征迁机构主要负责同志为成员的信访稳定工作领导小组，负责对全市南水北调信访工作的安排部署、督查督办和重大信访问题的处理。下设办公室，办公室设在市南水北调办公室环境与移民科，负责日常工作。领导小组至少每月召开一次全体会议，传达学习上级有关会议和文件精神，安排部署信访工作，研究解决重大信访问题，明确责任人、责任单位和完成时限。严格落实领导干部"一岗双责"制度，班子成员负责做好分管业务范围内的信访工作，杜绝只负责业务不过问信访现象的发生，真正把信访工作纳入总体工作中去规划、去推进、去落实。

（2）实行领导干部公开挂牌接待来访群众制度。市、县区两级南水北调征迁机构实行领导干部公开挂牌接待来访群众制度，提前将接访领导姓名、职务、分管工作、接访时间进行公示。每周三为领导干部信访接待日，接访领导负责对所接访信访案件的签批交办、协调处理和跟踪落实，直至问题得到彻底解决。对于不属于南水北调工作范围内的信访事项，及时告知信访人到有权处理的部门反映情况。

（3）建立阻工问题快速处置机制。市南水北调办成立领导小组和办事机构，县区南水北调征迁机构组建现场快速处置小组。施工单位在施工过程中遇到阻工问题，可以直接用手机短信的形式报市南水北调办主要领导分管领导、征迁科长及具体负责信访工作的人员，确保阻工问题能够在第一时间得到及时有效处置。严格按照河南省移民办印发的使用征迁预备费快速处理特殊信访问题机制，处理金额在 5 万元以下的，市、县（区）征迁机构及时审批，迅速处理，处理金额在 5 万元以上的，报河南省移民办审核处理，确保阻工信访问题能够得到及时妥善处理，将阻工信访问题对工程建设进度的影响降到最低。

（4）建立征迁疑难信访问题集中会诊制度。针对征迁工作中遇到的重大疑难信访问题，由市南水北调办相关领导牵头，召集征迁设计单位、征迁监理单位、县（区）南水北调征迁机构、乡（镇）人民政府、村委会有关负责同志和群众代表流动巡回进行集中会诊，对照政策法规，结合实际情况，对症下药，认真分析研判，找出问题症结所在，有针对性地提出处理意见，帮助基层解决重大疑难信访问题。成立征迁信访工作业务指导专家组，借调在南水北调干线征迁信访工作中有丰富实践经验的多名同志作为专家，为县区征迁机构解疑释

惑，经常性深入一线帮助解决有关疑难问题，取得了较好的效果。

（5）严格落实畅通信访渠道双向规范各项措施。一是畅通信访渠道，在坚持每周三领导公开接访的基础上，安排专人全天候接访，保证群众随到随访。在南水北调沿线设置公告牌，公布信访举报电话，保证 24 小时畅通，确保群众表达诉求无空档。定期组织干部下访，实行班子成员定点包片接访制度，明确时间、地点、形式和内容，让征迁群众在家门口反映问题。二是实行双向规范，征迁干部因不负责任、推诿扯皮、玩忽职守，导致上访事件发生，造成严重社会影响的，给予通报批评，直至提请纪检监察部门给予党纪、政纪处分。强化《信访条例》宣传力度，坚持将政策宣传和法制教育贯穿信访稳定工作全过程，教育群众依法信访，杜绝非正常上访行为的发生。对于违法信访、无理取闹、干扰南水北调工程建设的，联合相关部门坚决予以打击处理。

（6）制定信访稳定工作应急预案。确保群体性突发事件和其他突发情况能够得到迅速处置，避免造成恶劣影响。

（7）实行县级干部分包县区和科级干部联系人制度。市南水北调办建立了县级干部分包县区和科级干部联系人制度，确保每个县（区）、每个标段、每起纠纷有人问、有人管、有结果。

（8）完善信访信息网络系统建设。在总结经验的基础上，加强巩固市、县、乡、村四级矛盾纠纷排查化解网络建设，及时了解矛盾纠纷发展动态，把矛盾纠纷化解在萌芽状态，避免事态扩大。并与市信访局建立定期沟通机制，经常性邀请市信访局领导和精通信访业务的工作人员到南水北调征迁一线指导信访稳定工作，帮助解决疑难问题。

三、思考与启示

（1）切实转变信访干部工作作风。多年来，以党的群众路线教育实践活动、"三严三实"教育实践活动和"两学一做"学习教育为契机，切实改进工作作风，干部的责任意识和敬业意识明显增强。市南水北调办每天安排人员24 小时值班，真正做到了有访必接。经常性开展干部下访活动，认真听取征迁群众心声，做到了走访群众全覆盖，解决问题全覆盖，拉近了干部与群众的距离。

（2）真正配强信访干部工作队伍。市、县两级南水北调征迁机构从班子成员、中层干部、一般干部中挑选责任心强、工作任劳任怨、性格不急不躁的同志从事信访工作，他们受理信访事项之后都能第一时间进村入户调查处理，保证来信来访"早受理、早调处、早化解"，切实将信访问题化解在萌芽状态和基层一线。

（3）要严格落实责任追究制度。很多越级上访来源于群众逐级上访找不到人或者基层干部处理方式不及时、不妥当。为此，我们要求全市所有南水北调信访干部必须按时在岗在位，并向社会公布联系方式，确保群众信访渠道畅通。落实首问负责制，真正让解决和处理信访问题成为每一位南水北调征迁干部的日常工作和重要任务。对因推诿扯皮或不作为、乱作为激化矛盾造成越级上访或群体性事件的，在全市南水北调征迁系统给予通报批评，直至提请有关部门给予党纪、政纪处分。

信访维稳工作实例分析（湖北省）

湖北省潜江市南水北调办公室

聂益安

一、背景与问题

潜江市位于湖北省中南部，地处汉江中下游，是连接湖北东西部的桥梁城市。境内河渠纵横交错，湖泊星罗棋布，是国家南水北调中线汉江中下游四项治理工程建设的主战场之一。多年来，全市上下齐心，全力以赴支持和服务南水北调工程建设，切实履行征迁和协调服务的主体责任，精心组织、攻坚克难，及时查处影响工程建设的人和事，并不断落实防控措施，努力营造了一流的工程建设环境。

二、主要做法

南水北调工程征地补偿涉及面广、政策性强、利益直接，工程征地补偿资金十分"敏感"，部分群众提及补偿资金问题人云亦云、信以为真，甚至出现过激言行，对此值得认真反思总结。面对征迁安置中出现的矛盾和问题，破解难题，提前防控，减少阻工事件发生，为后续更多建设工地营造良好环境，只有迎难而上、勇于负责、敢于担当、自我加压、加大力度落实防控措施。

（1）加强责任，严明纪律。工程征地拆迁伊始，市委、市政府高度重视，成立了高规格领导小组，组建征地拆迁安置前线总指挥部，市委书记、市长、分管副市长等市领导多次深入一线、靠前指挥、现场解决工程难点问题。建立健全高效运转的工作机制，坚持定期召开市南水北调办（局）、市国土、市公安、市交通港航等部门联席会议，分析影响工程建设进展的各类不良苗头，研究解决具体问题，把各种不稳定因素消灭在萌芽状态。与此同时，研究出台了《关于进一步支持南水北调中线汉江兴隆水利枢纽等四项治理工程建设的意见》，严明"五条禁令"，其核心内容就是严禁随意到工程项目部进行各种专项检查、评比、乱摊派、乱罚款、乱收费，禁止各级各部门破坏正常施工秩序，要求干部群众不得干扰工程建设。

（2）加强宣传，阳光操作。重点加强补偿政策宣传，将国务院南水北调办批复、省南水北调办（局）下发的工程征地拆迁补偿标准、拆迁安置政策50答等相关法规印成小册子和光盘，做到拆迁移民一户一册、一户一盘。通过制作宣传画册，潜江日报专版，开辟电视专题讲座，架设高音喇叭滚动播放，出动专门宣传车等多种形式使补偿政策家喻户晓、人人明白。在征迁高峰时期，市南水北调办组织在拆迁中心地带搭台，集中宣讲补偿政策，现场回答并处理群众提出的疑难问题。在此基础上，出台了《潜江市兴隆水利枢纽工程征地补偿和拆迁安置资金管理实施细则》，印制了《南水北调中线一期工程征地补偿拆迁安置个人财产补偿表和搬迁费分户补偿兑付卡》、永久征地和临时占地补偿协议样本、资金发放明白卡，做到一户一卡、一户一账。通过民主公开墙，对各类补偿资金先后进行三榜公示，广泛接受群众监督。在兑付补偿资金过程中，坚持协议制。无论永久征地、临时用地补偿，还是个人实物补偿均按规范签订协议（一式五份），凡到拆迁户的补偿资金由镇、村在核准的银行帮助办理个人单独账户，达到"五相符"，即协议内容、款项、金额、拆迁户主及身份证号码相符，经逐级审核资金手续，并由拆迁监理审查后拨入个人专户，拆迁户凭存单和身份证支取。

（3）加强协调，营造良好的建设环境。一是设立由市公安局主要负责同志挂帅的工程驻地民警室，抽调精兵强将组织维稳防控工作专班，做到警力前移、提前介入，保证工程建设秩序。二是设置工程建设保护区，划定警戒线，实行国家重点工程挂牌保护，并对施工和拆迁主要交通要道设置交通安全警示牌。三是广泛张贴和制作大型固定标牌，发布市公安局关于维护工程建设秩序的通告，旗帜鲜明的查处破坏工程建设和拆迁安置的行为。四是积极协调施工矛盾，驻地公安民警及时上门与各施工单位互通，建立联系反馈机制。坚持每天巡查建设工地和征迁现场，发现问题及时处理，为工程建设保驾护航。

（4）加强沟通，及时化解矛盾纠纷。市、镇两级南水北调办设立征迁咨询专用电话，耐心答解群众反映的问题，同时采取发放征求征迁安置意见表，召开多种形式的座谈会、对话会，不断畅通群众发表意见的渠道。通过认真办理回复群众来访件，及时化解征迁安置矛盾。

（5）加强配合，全力服务。南水北调征迁是综合性工作，涉及宣传、国土、林业、交通、通信、公安、卫生、民政、供电、城建等多个部门。各部门通力合作、协同作战既是维护征迁秩序，防控群体事件的关键，又是确保征迁工作圆满完成的重要保障。潜江市下发了《潜江市南水北调中线工程征迁安置实施方案》，明确了市直相关部门的责任和任务，整合部门力量，共同推进了征迁工作。对拆迁群众进行跟踪服务，时刻保持关心、关怀。实行市直部门对口帮扶拆迁户，镇直单位机关干部落实了"联幢联户、联人联心""一户一干部"、拆迁群众利益诉求"联审联议"，及时为拆迁群众排忧解难。

三、思考与启示

潜江市是湖北省南水北调四项治理工程都有的市，工程建设点多、面广，任务艰巨。加之境内江汉油田、高速公路、铁路等建设投资主体不同，有公益性和效益性之分，征迁补偿标准不同，同地段不同补偿标准，易引发矛盾。通过查处典型事件，加强防控措施，确保南水北调工程顺利进行，感受和启示很深。

（1）多与群众沟通，让群众理解工程建设。为切实抓好征迁工作，市政府从市公安、水务、国土、财政、林业、经管、卫生等相关部门抽调精英组建强有力专班，驻扎一线，与镇、村干部一道包块包户，白天群众外出务工，就夜晚上门沟通，反复讲政策，并同拆迁群众边干农活边讲政策，帮扶结对、用行动感动了群众，得到了群众的理解。群众理解工程建设，是做好防控群体事件的根本前提。

（2）多为群众着想，让群众支持工程建设。兴隆水利枢纽工程汉江干堤内外永久征用旱地补偿标准不一致，亩差 3750 元。群众认为堤内堤外同属当家田，收成一样，补偿标准不同难以接受。市政府从大局出发，维护工程稳定，筹资 800 余万元予以调平进行补偿，理顺群众情绪。与此同时，市直部门对口支持征迁安置工作，从生产安置工地整理、水系建设、水生态治理、道路建设、通信建设等等，整合项目进行投入、实行资金倾斜，投资超过 3000 余万元。面对各级政府真心实意为拆迁群众着想，群众也积极支持征迁工作，在安置点房屋尚未建成的情况下，为提供建设用地，群众在安置点搭起帐篷，暂时安顿。对此，市、镇协调专班真心、真情、真诚关爱拆迁户，从安全饮水、防病、防暴雨袭击等关键环节抓起，组织动员机关干部送温暖到帐篷。在安置点建设上，结合社会主义新农村建设进行高起点设计、高规格建设，让安置点成为了一条靓丽的风景线。处处为拆迁群众着想，得到拆迁群众的支持，是防控群体事件的重要基础。

（3）多为群众办实事，让群众维护工程建设。工程临时占用潜江土地面积近万亩，年产值补偿引发了不少历史矛盾，复耕更是群众关心的焦点。在土地复垦平整、恢复沟路渠工程中，市南水北调办处处为群众着想，施工方案三番五次征求当地村组干部群众意见，市政府从耕地占用税中返还 300 余万元增加土地复垦投入。施工中，群众自发到工地出谋划策，维护秩序。目前，复垦土地水系标准提高了，道路等级提高了，环境面貌改善了，拆迁群众拍手称快。多为拆迁群众办实事、办好事，群众维护工程建设，是防控群体事件的重要保障。

第九篇
经验总结

南水北调中线工程征迁"邯郸速度"
（河北省）

河北省邯郸市南水北调办公室

郭彬剑　郭运芳

一、背景与问题

根据河北省南水北调第三次建委会工作部署，经过邯郸市各级各部门共同努力，邯郸市自 2009 年 12 月 30 日召开全市南水北调征迁安置动员大会到 2010 年 1 月 15 日，仅用 16 天时间就高标准完成了除市区段以外的 73.3km、1.57 万亩永久占地的兑付、清表和移交用地工作，创造了南水北调征迁的"邯郸速度"。期间邯郸市共兑付资金 9.3 亿元，拆迁房屋 6.5 万 m^2，清除青苗 1.3 万亩，伐树 53.7 万株，填埋机井 422 眼，迁坟 8900 座。

二、主要做法

（1）举全市之力，合力攻坚。按照国家确定的中线工程建设计划，河北省政府确定的提交永久占地的最晚时间是 2010 年 4 月底，其他市提出的交地时间是"保 3 争 2"。邯郸作为南来之水进入河北省的南大门，市委、市政府站在落实科学发展观、构建和谐社会的高度，强调征迁安置工作必须走在全省前面，为此，确立 2010 年 2 月底前、提前 2 个月完成征地任务的总目标。为确保如期完成征迁任务，成立以市委书记崔江水为政委、市长郭大建为指挥长的征迁工作指挥部，制定严明的征迁工作奖惩办法，并与沿线县（区）签订了责任状，实行重奖重罚。2009 年 12 月 30 日，邯郸市政府召开南水北调征迁安置动员大会，要求各级各部门，不辱使命、拒绝理由，坚决打赢南水北调征迁这场攻坚战。

（2）显邯郸精神，昼夜奋战。工程沿线的磁县、马头工业城、邯山区、邯郸县、永年县（复兴区位于市区段，当时不具备征迁条件）均制定在 2010 年 1 月底前完成征迁任务的工作目标，并以比、赶、超的劲头，倒排工期、挂图作战、分秒必争，超常规地开展工作，迅速掀起了征迁高潮。在兑付、清表高峰时，每天动用工作人员 10000 多人次，动用推土机、铲车、钩机等 200 多辆。邯郸市、县南水北调办公室、乡村工作人员采取"5＋2""白加黑"工作法，取消节假日，夜以继日地工作，平均每天工作时间在 16～20 个小时，不少同志带病坚持工作。邯郸市南水北调办公室各位主任分包县（区），除有重要事务外，基本吃住在一线，各县区指挥部和分指挥部都设在了乡村，领导干部深入一线，靠前指挥，现场解决问题。

（3）开绿色通道，提高效率。为推进工作进度，邯郸市南水北调办对 5 个县（区）的征迁兑付方案进行联审、联报，市政府本着急事特办的原则，第一时间批复了征迁兑付方案，大大节约了时间。市政府督查室、市委宣传部和市国土、林业、公安等部门主动指导各县区对口单位积极协助征迁工作，有效加快了进度。各县（区）在人、财、物等各方面给予了极大支持，一般工作都给征迁工作让路，从而使征迁工作一直跑在"快车道"。对地面附属物的清除工作，各县（区）、各乡（镇）都不谈费用、不讲条件，垫资租用了机械，形成了强大征迁攻势。

（4）管专项资金，严之又严。为加强资金管理，确保专款专用，工程沿线各县（区）、乡（镇）都设立了南水北调专门账户，制定了严格规范的资金兑付程序，并成立征迁兑付工作领导小组和审计稽查工作组，资金的动用、流转必须按规定的审批程序和管理办法拨付，对征迁资金的每一分钱进行全程监督和检查，确保征迁兑付资金分毫不差地交到群众手中。为确保资金安全，邯郸市南水北调办从河北省南水北调办邀请专家，专门举办了资金管理和兑付培训班，对县区调水办和乡（镇）的财会人员进行了强化培训，使具体经办的财会人员进一步提高"红线"意识，提高了资金管理和规范兑付的业务水平。

（5）想群众所想，和谐征迁。坚持依法和谐征迁的理念，在抢抓进度的同时，采取"明、细、实"三字诀工作法，确保群众满意，社会稳定。"明"，即把政策明明白白交给群众，公开透明操作，使征迁安置有关政策家喻户晓，人人皆知。"细"，即细致地开展工作，为了做好搬迁工作，各县组织县直部门有关人员深入乡村搬迁户，帮助群众联系安置住所，有的户劳动力不在家，乡村干部组织力量义务帮助他们迁坟和伐树，让群众很感动。"实"，即把工作往实里做，既考虑群众的眼前利益，又为群众长远着想。磁县、邯山区等县区已着手谋划失地农民的生活保障问题，确保群众既搬得走，还安置得好。

三、思考与启示

（1）做实各项准备工作是基础。为做好征迁补偿工作，省、市、县南水北调办及设计单位在前期规划设计阶段就进行了深入细致的调查和论证，力求方案科学、符合实际。在实物核查工作阶段邯郸市南水北调办组织设计、监理、国土、沿线县（区）调水办和县直相关部门、专项设施主管部门、沿线乡（镇）政府、沿线村委会有关负责人，高标准地完成了土地勘界和实物复核工作，力求实物核查准确无误。实物复核完成后，邯郸市南水北调办同各县（区）反复、数次研究，以县为单位研究确定了群众生产、生活安置方案工作，并协同河北省水利设计二院完成了方案编制工作。随后，立即着手开始兑付方案编制和报批工作。可以说，在南水北调中线工程邯石段征迁安置工作启动前，邯郸的征迁安置前期工作已全部到位，为征迁安置顺利展开打下了坚实的基础。

（2）各级领导高度重视是保障。此次成立的南水北调征迁安置工作指挥部和召开征迁安置动员大会规格之高、涉及部门之多、动员规模之广、奖惩力度之大史无前例。市委、市政府主要领导、主管领导、相关领导齐上阵，涉及的市直部门和县（区）党政的一把手更是团结协作、奋力攻坚。这是快速完成征迁工作的重要组织保障。

（3）沿线群众理解支持是关键。各县（区）在征迁安置工作中，始终把群众安置问题放在重要位置，做了大量深入细致的工作，把党和政府的关心送到群众心头，把南水北调工程的重大意义宣传给群众，赢得了广大群众的理解和支持。全市涌现出许多积极拆、主动拆、提前拆的感人事迹。正是有了广大人民群众对工程和征迁工作的理解和支持，才使得征迁工作快速完成。

（4）公平公正补偿群众是根本。在征迁工作中，邯郸市严格执行政策和程序规定，将补偿标准、补偿明细、征地安置及资金管理使用等情况，以村为单位张榜公示，并利用设立领导接待日、设置监督举报电话等形式，坚持阳光操作，全程接受群众监督，确保征迁兑付资金分毫不差地交到群众手中。"公生明，廉生威"，正是由于在具体操作过程中的公开透明和公正无私，使得群众口服心服，保证了兑付工作顺利进行。

邯山区段青兰渡槽工程征迁工作实例
（河北省）

河北省邯郸市邯山区南水北调办公室
宋艳云

一、背景与问题

2012 年 10 月当南水北调中线工程即将在青兰高速涵洞上方施工时，发现青兰涵洞的承重力不能满足南水北调干渠建设需要。经实地勘查和专家论证，提出了将涵洞爆破拆除，建设渡槽的施工方案。

2012 年 11 月 26 日，作为南水北调中线工程全线最重要的节点工程——青兰高速连接线渡槽工程开工建设。由于该工程是突发、应急工程，建设工期短、任务重、标准要求高，工程建设面临的最大困难就是必须在 7 天时间内提供 16 亩生产生活营地和 40 亩弃渣场（涵洞爆破后的弃渣），以满足工程开工的基本条件。渡槽工程所在地某村在总干渠建设中涉及两次永久征地、两次临时用地征迁，已全部完成任务。同时，由于总干渠建设阻断了该村通往西南环路的道路，虽然当时生产桥已建成通车，但引道坡度大、路面窄，群众雨雪天气出行仍有不便，存在不满情绪。渡槽工程建设再次征地面临的群众阻力较大。因此，渡槽工程建设伊始，就面临前所未有的困难，检验着南水北调系统各级征迁人员的应变能力和群众观念，也检验着各级干部群众讲政治、顾大局观念。面对困难和挑战，各级干部群众团结一心、迎难而上，凭借"我是一名共产党员"的坚定信念和舍我其谁的担当精神，克服了一个个困难，化解了一道道难题，为确保南水北调中线干线工程如期完工和通水，奠定了坚实的基础。

二、主要做法

（1）强化大局意识，千方百计为节点工程顺利实施奠定基础。针对青兰渡槽工程工期紧、时间短的实际情况，邯山区一方面按照急事急办的原则，在征迁资金不到位的情况下，果断采取先期垫资的超常措施，将补偿资金及时发放到群众手里，为临时用地的顺利征用奠定了基础。二是组建应急服务小分队，由邯山区南水北调办公室主任任队长，相关单位主管副职、相关村支部书记为队员的应急工程服务小分队，对可能影响工程建设进度的因素进行摸排和化解，尽可能为工程建设扫清障碍，争取时间。仅用5天时间完成了16亩生产、生活营地和40亩弃渣场征用工作，为施工单位进场提供了基础条件，并满足了原青兰涵洞爆破后16万方弃渣需求，为应急工程按时开工建设提供了保障。

（2）强化群众意识，齐心协力为群众分忧解难。工程建设造成该村主要出村路断交，生产桥成为群众及非机动车辆进出西南环路的主要通道。为避免群众不满情绪持续发酵，给征迁工作造成更大阻力，邯山区南水北调办主动向上级汇报，经相关部门和单位现场查看，并召开办公会，确定了生产桥引道安全防护方案，先生产桥引道两侧埋设木栅栏，做好简易安全防护措施；待渡槽工程完工后，由邯山区南水北调办委托有资质单位做好生产桥引道改善工程设计和施工，确保群众通行安全。这一举措，解决了群众的后顾之忧，赢得了干部群众的支持，打下了良好的基础。

（3）强化担当意识，全心全意为工程建设提供良好的施工环境。青兰渡槽工程建设阻断了青兰高速史村口通往西南环路的连接线，按照前期车辆绕行道路规划，从史村高速口下来的车辆以及村西的村庄、工矿企业车辆都要沿战备路进入西南环路。由于车流量大且重车较多，造成战备路损毁严重，交通拥堵不堪，绕行车辆纷纷借道村庄街道。而村庄街道并不具备重车和大流量车辆通行条件，导致供水管网被压断，粉尘和噪声污染严重，村民生命财产受到威胁，干扰了村民的生产生活秩序。群众曾多次阻路拒绝车辆借道，造成大面积堵车。考虑到这一混乱现象会造成工程材料运输车辆通行不畅，直接影响渡槽工程建设。为此，邯山区南水北调办积极沟通协调，增设绕行路，由项目部派人设岗，指挥绕行车辆分流和通行，大型车辆绕行战备路，小型车辆绕行村路缓解交通拥堵和混乱状况，并在工程完工后，负责修复村内被损毁的街道和管网。这一举措给了村委会和群众一个比较满意的交代，得到了他们的大力支持，成功化解了由于交通问题给渡槽工程建设造成的影响，确保了工程建设的顺利实施。

三、思考与启示

（1）领导重视是前提。渡槽工程的方案提出后，邯山区区委、区政府把渡槽应急工程建设当作邯山区的"一号工程"来抓，全力以赴为工程建设保驾护航。成立了由区政府主要领导任组长的工作推进小组，对渡槽工程征迁工作实施"一天一汇报，三天一调度"，为全面推进渡槽征迁工作提供了坚强的组织保障。

（2）群众利益是基础。群众利益无小事，任何工作只有从群众最关心、反映最迫切的问题入手，帮助群众排忧解难，才能取得群众的信任，赢得群众的理解和支持。渡槽工程征迁工作开始，首先从村民反映强烈的出行问题入手，主动提出解决方案，从而拉近了与群众的距离，增强了与群众的感情，为征迁工作的顺利实施奠定了坚实的群众基础。

（3）细致工作是保障。细节决定成败。渡槽征迁工作中各级干部以严谨细致、求真务实的工作作风深入群众，努力做到在工作中"了解群众、懂群众"。把看似与征迁工作无关的农村"过会"也当作工作来安排。一是到老乡家中走走看看，帮帮人场；二是协调乡（镇）村加强"过会"期间的交通引导、施工单位做好现场安全防护工作，避免车多人多发生事故。正是这样扎实细致的工作作风，确保了青兰渡槽工程 2013 年 12 月 9 日顺利完工，实现预期建设目标。

南水北调中线干线工程征迁验收案例
总结与分析（北京市）

北京市南水北调工程拆迁办公室

一、背景与问题

南水北调中线京石段应急供水工程北京段即南水北调中线干线工程（北京段），起点位于房山区北拒马河中支南与河北省交界处，终点位于颐和园团城湖，全长 80km。

征地拆迁涉及北拒马河暗渠工程、惠南庄泵站工程、永定河倒虹吸工程、西四环暗涵工程和其他工程（惠南庄—大宁段工程、卢沟桥暗涵工程、团城湖明渠工程）、北京段工程管理专题、北京段专项设施迁建工程和文物保护八大工程；涉及房山、丰台、海淀 3 个区、16 个乡（镇）的 55 个行政村；涉及永久征地 1560 亩，临时用地 11689 亩，拆迁房屋 241725m²，改移管线 1161.02km。

根据《南水北调工程建设征地补偿和移民安置暂行办法》（国调委发〔2005〕1 号）规定："南水北调工程建设征地补偿和移民安置工作，实行国务院南水北调工程建设委员会领导、省级人民政府负责、县为基础、项目法人参与的管理体制。有关地方各级人民政府应确定相应的主管部门（简称主管部门）承担本行政区域内南水北调工程建设征地补偿和移民安置工作。"北京市组建北京市南水北调工程建设委员会办公室（简称北京市南水北调办）为中线干线工程（北京段）的主管部门，下设北京市南水北调拆迁办，负责征地拆迁的统筹协调管理和专项设施迁建的实施，各区政府组建区南水北调办，负责行政管辖范围内的征迁安置实施。

按照《南水北调干线工程征迁安置验收办法》（国调办征地〔2010〕19 号）规定，省级征迁安置主管部门负责本行政区域内南水北调工程征迁安置工作的验收，项目法人参与。因此，中线干线工程（北京段）征迁安置的验收在北京市南水北调办的组织、中线建管局参与的情况下完成。

二、主要做法

1. 征迁验收流程

北京市通过中线干线工程（北京段）市、区两级征迁验收工作的开展和配合，在征迁验收工作的流程上，已经比较清晰，见图1。从验收工作流程设置和执行情况看是比较合理和完整的。

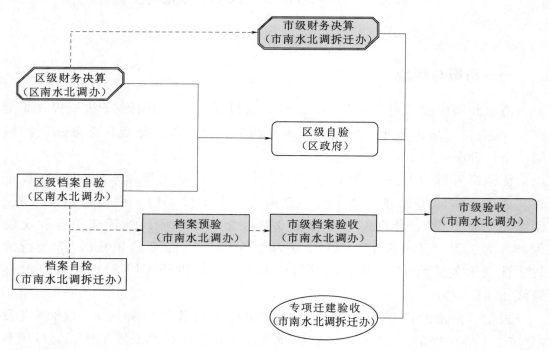

图 1　征迁验收流程图

区南水北调办和北京市南水北调拆迁办作为征迁安置和专项设施迁建的实施主体，各自完成职责范围内的验收工作，并形成验收报告上报北京市南水北调办，申请开展市级验收。

北京市南水北调办在收到各区南水北调办和北京市南水北调拆迁办的区级自验报告后，对征地拆迁的整体情况有了完整的了解，协调北京市档案局开展档案验收；编制市级财务决算上报中线建管局审批；在完成档案验收和财务决算批复后，组织完成市级征迁安置验收工作。至此，标志着中线干线工程（北京段）征迁工作全部完成。

2. 征迁验收实施效果

为提高北京市中线干线工程（北京段）的征迁安置验收效率，北京市南水北调办认真研究国家相关法律法规和政策，学习其他工程征迁验收的经验做法，通过下发指导性文件的方式，建立了北京市合理有效的征迁验收工作机制，成功地完成了北京市的征迁验收工作，为后续征迁验收工作奠定了基础。

在财务决算方面，中线干线工程（北京段）属于南水北调中线工程的一部分，北京市南水北调办要求征地拆迁的财务核算与国务院南水北调办相对接，提高了北京市南水北调征地拆迁财务核算的规范性。最终，北京市中线干线工程（北京段）的征迁财务决算和预算基本持平，略有结余。

在征迁安置的实施质量方面，由于项目后续的施工和运营限制，中线干线工程（北京段）出现了部分遗留问题，在征地拆迁验收的过程中，政府相关单位、征迁实施主体、征迁相关单位全部参与，集中对遗留问题进行讨论，确定了合理的解决方案，使得遗留问题在不影响征迁验收的前提下得到妥善解决。

征迁验收是对北京市中线干线工程（北京段）整体工作的一个完整性、结论性的验收。通过验收，可以梳理工作开展情况、总结工作经验、发现问题，解决问题，有效地提升了征地拆迁管理效率，为中线干线工程（北京段）后续工作的开展以及其他北京市南水北调配套工程征迁验收的实施奠定了基础。

三、思考与启示

中线干线工程（北京段）是北京市南水北调工程完成的第一个征迁验收项目，通过对完整的征迁验收流程的梳理和总结，可对南水北调征迁政策的制定提供参考，也为北京市南水北调配套工程的一系列工程项目的征迁验收积累经验。

（1）明确征迁验收主体及主体职责。北京市已经建立比较完善的南水北调征地拆迁管理体制，相关主体也都组建到位，通过中线干线工程（北京段）征迁验收工作的开展，相关主体的职责更加清晰。在后续的北京市南水北调配套工程征迁验收工作中：区政府负责组织区级自验，区南水北调办协调和实施；北京市南水北调拆迁办负责专项设施迁建的验收和市级财务决算报告的编制；北京市南水北调办组织征迁安置市级验收。

（2）制订详细的验收计划，确定关键时间节点，落实推进措施。北京市南水北调办根据国务院南水北调办《关于印发南水北调设计单元工程完工验收工作计划及任务分工的通知》要求，制订了详细的验收工作计划，对于有效推进验收工作起到了重要作用。北京市南水北调拆迁办落实具体推进人员，强化协调力度，强化征迁验收计划的制订和关键时间节点的把控，按计划完成了征迁安置市级验收。

（3）重视验收工作大纲的作用，强化整体控制。按照国务院南水北调办《关于南水北调干线工程征迁安置专项验收有关事项的通知》的要求，验收组织主体应编制验收工作大纲，北京市南水北调办也编制并下发了《南水北调中线京石段应急供水工程（北京段）征迁安置验收工作大纲》，但由于市级验收只是征迁验收的最终程序，对区级验收的指导性不够强，因此，应由各征迁验收主体编制各自的验收工作大纲，并上报上级单位，以对征迁验收进行整体控制。

（4）验收流程明细化，验收文件规范化。国务院南水北调办下发的征迁安置验收办法和北京市南水北调办下发的验收实施细则对于验收流程有原则性约定，为提高上下协调沟通效率，进一步对验收流程进行明细化，编制可视的验收流程图是有必要的。此外，在验收过程中，发现部分单位存在验收文件不齐或内容不完整等问题，统一规范验收文件格式、内容，为各验收单位提供规范化的文本建议，有利于提高后续验收工作的工作效率。

南水北调工程企业搬迁安置经验做法
（江苏省）

江苏省骆运水利工程管理处

吕坤　金凯

一、背景与问题

江苏省骆运水利工程管理处隶属于江苏省水利厅，管理中运河、徐洪河以及骆马湖周边的泗阳站、泗阳二站、刘老涧站、皂河站、沙集站等五座大型泵站及十座大、中型涵闸，本次南水北调东线一期工程搬迁工作涉及骆运水利工程管理处管理范围内的泗阳站、刘老涧站、皂河站、沙集站。根据工程施工计划和实施进度要求，泗阳站、刘老涧站、皂河站、沙集站院内工程红线范围内的征地拆迁、移民补偿工作由江苏省骆运水利工程管理处负责组织实施。2009年，江苏省南水北调工程建设领导小组办公室与江苏省骆运水利工程管理处签订了征地补偿和移民安置投资任务的《征迁包干协议书》，明确了工作任务、投资资金和使用规定。此次拆迁工作中四个站工程共影响企业 31 个、事业单位 7 个，需要拆除各类房屋 27415.95m²。

二、主要做法

1. 统一认识、服从大局，确保搬迁工作的顺利开展

拆迁工作不仅是一项政策性很强的工作，同时也是一项复杂、辛苦、细致的工作，有大量的工作需要到现场去解决。而泗阳站、刘老涧二站、皂河站、睢宁二站拆迁工作又存在着时间紧、任务重等现实困难。在"大民生"与"小利益"之间寻找到一个平衡点，成为了打开拆迁安置工作的突破点。这次搬迁工作中，南水北调工程的建设影响到了骆运管理处单位内部的综合经营，工程的建设造成单位经营性可使用土地面积减少，还有部分职工宿舍需要拆迁等。作为差额拨款事业单位，为确保职工绩效工资发放，单位职工需要加强对外综合经营创收力度。为了顺利开展拆迁工作，首先，站在"讲政治、讲大局"的高度进行动员，做好职工内部思想工作，让自家职工做到思想认识到位，做到识大体、顾大局，服从国家重点工程建设大局，放弃原有以厂房出租为重点的

经营模式，谋求向技术服务型单位的新转型。其次，做好企业拆迁的宣传发动工作，宣传拆迁安置的政策、制度和标准，设立拆迁现场办公地点，做好现场政策咨询工作，细心做好说服教育工作，并提供相关法规、规章和政策查询服务，为拆迁户提供便利，用真诚服务拉近与被拆迁企业的距离。

2. 严格标准，公开透明，用铁一样的制度开展拆迁安置工作

江苏省骆运水利工程管理处根据《征迁包干协议书》的具体要求，分别组织编制了四座泵站的工程拆迁补偿和移民安置实施方案。一是做到拆迁目标和有关政策性标准不动摇，严格按照计划实施。做到政策上墙，标准一视同仁，严格执行相关规定。二是加强政策学习。各泵站拆迁办公室一成立就抓紧时间学习征迁方案，学习文件、领会精神、掌握政策，认真参与各种业务培训，将这些文件法规熟记于心、落实于行，充分认识到拆迁工作任务的艰巨与责任的重大，以便于在协调工作中准确地掌握、灵活地运用。在入户宣传和动迁时始终能做到胸有成竹，不打没把握的仗，给被拆迁人员当好国家法律法规的宣传员，帮助他们知法、懂法、守法，尽量降低他们因不懂法不守法出现胡搅蛮缠、扯皮闹事的可能性。三是测量标准从严。为了提高工作效率和工作质量，对照实物量调查表，仔细进行复核，形成报表、进行标号，留存相关照片。让被拆迁的企事业单位提供产权证、营业执照、税务登记证、设备清单、人员花名册等，并进行认真复核，做到有拆迁协议或合同，所有资料上有拆迁户及具体人员、领导、监理签字。每户建档，资料齐全，汇编装订成册。四是对测算和估价实事求是，得到被拆迁人的认可，并按照规定依被拆迁人要求予以公示拆迁估价的初步结果及其他需要公示的内容，接受群众监督。五是按照先搬迁腾房，后拆除施工的原则，严格执行工作流程。在未达成拆迁补偿安置协议的情况下，绝不先行拆除房屋。六是拆迁和安置补偿金做到支付到位，避免现金支付，采用转账支付，留存收款方收据或个人领取表。七是对进场进行拆迁的施工队伍加强监督，积极做好配合和协调工作，加强门卫和值班保卫工作，为企业搬迁过程提供力所能及的服务，帮助解决一些实际困难，以加快拆迁进度。

3. 化解矛盾、解决问题，为搬迁企业算明白账

工程建设中，搬迁工作是工程建设前期的首要任务。征迁协调工作，即在工程建设征地拆迁和协调中去处理问题、化解矛盾、维护稳定、促进进度、和谐共赢。同时，搬迁工作贯穿整个工程建设的全过程。搬迁工作的顺利与否直接关系到工程进展及工程后期管理运行等方方面面的大事。征迁协调工作顺利，则工程建设顺利推进，事半功倍；反之，则工程建设、运行步履维艰，事

倍功半。企业面对拆迁工作时，不愿拆迁、漫天要价的心理普遍存在。骆运管理处拆迁办工作人员首先做好沟通协调工作，通过耐心地倾听每一个被拆迁户的诉求，细心地为每一个被拆迁户建立档案，向他们宣传征迁的政策，明确他们的诉求与征迁方案之间的差距，耐心地做好解释和说服工作，妥善地化解各种矛盾、处理好纷繁的"疑难杂症"，打消他们过分的诉求，使整个工作始终在政策范围内运行。面对有争议问题时，做到口径统一、解释一致。对拆迁户提出的有异议的问题，一时难以确认或者回答的情况，一律采取不现场作答，认真理解研究后再回复，避免因解释不当带来不必要的麻烦。同时，做到换位思考，站在被拆迁户的立场，精心为他们争取应得的利益，让他们开开心心签约，顺顺利利搬迁，确保工程的顺利开展。在处理南水北调泗阳站拆迁刘某事件过程中，刘某与人合伙开办了塑料颗粒厂，但非主要合伙人。按照规定，支付相关费用、补偿合同与主要合伙人签订。后因合伙人内部分配不均，刘某多次找拆迁办解决问题，提出不符合规定的过分要求，有影响办公秩序的行为。对此，解决办法是：一是耐心的做思想工作，守住原则底线。二是协助其解决生活中遇到的实际困难。刘某本人及家属患有多种疾病，家庭成员文化水平低，收入低，背负较多债务，其孙子还因学区问题未解决导致上学困难。拆迁办主动联系其住地村组干部，了解实际情况，由泗阳管理所工会出面，对其本人、家属进行慰问。像对待亲人一样，联系医院，为他们提供医疗帮助服务，协助办理农村医疗保险相关医药费用报销，并向地方政府反映其生活困难的实际情况，为其办理低保，还联系当地教育部门，解决了刘某孙子的上学学籍问题。三是努力搜集信息，提供致富新门路，协调联系其子的工作和技能培训。连续3年持续做好工作，帮助其家庭脱贫。拆迁办以实际行动感化，化解矛盾，为拆迁工作赢得了支持、信任、理解、口碑。

4. 耐心沟通、和谐拆迁，维护被拆迁单位的切身利益

拆迁过程中，一是每一天的搬迁计划和目标都会进行晨会部署，稳扎稳打，成熟一户拆除一户，杜绝强行拆除，逐步推进搬迁工作开展。同时，做到尽量时刻了解被拆迁企业的动态，加强入户沟通，充分掌握各户的具体情况及需求，及时掌握第一手动态资料，避免因沟通不及时出现与搬迁企业产生误解。二是强化和谐拆迁。做到入户调查需先征求同意和配合，坚决避免出现威胁、恐吓、欺诈等不正当手段，决不影响国家重点工程建设形象。三是强化文明拆迁。拆迁现场对已签订拆迁协议并腾空的房屋实施拆除时，采取有效措施，切实减少对现场未签协议单位正常生产、生活秩序的不良影响。五是做好已拆迁企业的后续服务工作，对已拆迁企业帮助联系新的生产地点，积极协助

办理相关用地、工商手续、税务登记等，通过全过程帮助打消未拆迁企业的顾虑。对一些不愿离开的企业及因工业园区费用较高无法异地征地安置的企业，骆运管理处通过积极沟通协调，在几座泵站的管理范围内，建设了一批高质量的标准化厂房，供各企业入驻，既解决了企业厂房问题，改善了安全生产状况，又确保了骆运管理处各泵站的经营性收入，提高了各泵站配合拆迁工作的积极性，达到了双赢的效果。在建设标准化厂房过程中，因部分企业生产经营急需，部分项目通过灵活处理，加快了拆迁进度。例如，泗阳站原计划复建1680m² 标准化厂房，单位筹资，后改为由经营承包者个人出资兴建，免7年租赁费，7年后，厂房属于泗阳闸站管理所所有。

三、思考与启示

征迁工作一头连着国家的重点项目建设，一头连着拆迁户的人情冷暖，群众利益不容侵犯。本次江苏省骆运水利工程管理处拆迁工作顺利实施，主要有四点启示。

（1）工作责任落实得好。南水北调工程建设的各级部门高度重视，采取了"权力下放、重心下移、责权统一"原则，用征迁包干协议的形式让熟悉了解被拆迁工程情况的单位负责拆迁工作。并采取严格审计、督查、接受信访举报等方式杜绝暗箱操作。

（2）政策执行落实得好。本次企业拆迁的经验表明，严格标准，公开透明，对于拆迁工作的顺利推进至关重要。

（3）普法工作落实得好。首先做到了拆迁工作人员认真学习文件，熟练掌握政策，在入户宣传和动迁时顺便给被拆迁人员当好国家法律法规的宣传员，帮助他们知法、懂法、守法，树立了"合法权益得到保护、非法诉求得不到支持"的正确导向。

（4）国家重点工程媒体舆论引导得好。工程建设前，各级媒体对南水北调工程做了大量的持久性宣传报道。例如，刘老涧闸站管理所在工程正式拆迁一两年之前就进行了拆迁动员宣传工作，为拆迁办正式入场开始工作做足了舆论准备，同时，也为刘老涧二站拆迁办工作顺利进行打开了局面。

明光市南水北调工程征地拆迁及安置工作
（安徽省）

滁州市治淮重点工程建设管理局

一、背景与问题

南水北调东线一期洪泽湖抬高蓄水位影响处理工程滁州市明光段，位于安徽省明光市境内。主要建设内容为新建泵站 1 座，拆除重建泵站 4 座，加固维修和技术改造型泵站 22 座，护岗河疏浚等工程。征地拆迁安置涉及 8 个乡（镇、街道）。

二、主要做法

（一）健全机构，精心组织协调

为了做好明光段南水北调工程征迁安置工作，2011 年 2 月 15 日，明光市人民政府批准成立了明光市洪泽湖抬高蓄水位影响处理工程领导小组。组长由副市长担任，副组长由国土、财政、水务、审计等单位负责人担任。2011 年 3 月 9 日，明光市人民政府办公室下发《关于成立明光市洪泽湖抬高蓄水位影响处理工程征地拆迁安置工作办公室的通知》（明水办〔2011〕25 号），确定征迁办主任、副主任分别由水务局局长、副局长担任，成员由各主要运行管理单位负责人组成。

按照分工协作的原则组织开展具体工作。勘测定界工作由明光市洪泽湖抬高蓄水位影响处理工程征地拆迁安置工作办公室（以下简称明光市征迁办）协调国土资源管理局、乡（镇）、村等相关单位共同开展；征地及拆迁实物指标的调查以设计单位为主，明光市征迁办及有关乡（镇）人员参与完成。监理单位严格执行监理合同，依据国家法律、水利行业法规和技术标准，制定工程监理实施细则，审查施工单位的施工组织设计和技术措施，并监督其遵照执行。征迁办对征地拆迁安置进度及资金进行全方位监控，确保征地拆迁安置的顺利实施。

（二）认真开展勘测定界和实物指标调查

勘测定界是实物指标调查和征迁安置实施工作的基础，涉及土地审批、土地登记，其成果在用地批准后具有法律效力。明光市征迁办对此进行了精心的组织和协调。

1. 全面收集资料，制订工作计划

在勘测定界前期阶段，联系国土局、有关乡（镇）等单位全面收集相关资料。收集政策性文件如《城镇地籍调查规程》《土地利用现状调查技术规程》《城市测量规范》等作为开展土地勘测定界工作的政策与技术保障。收集工程涉及区域的地籍图、地形图、土地利用现状图、土地利用总体规划图、基本农田界线图、测区范围内的航片图、土地权属界线图以及建设项目工程施工总平面布置图等相关图表文件。收集权属证明文件如土地的权属文件、土地承包合同协议、土地出让合同、清理违法占地的处理文件等作为权属认定的依据。对没有权属证明材料的，明光市征迁办积极与乡（镇）土管所取得联系、了解情况，区分是历史遗留问题还是其他原因，并出具相应的手续，证明土地的权属。收集用地范围附近原有平面控制点坐标成果、控制点点之记、控制点网图、原控制网技术设计书、有关坐标系统的投影带、投影面等控制点成果及相关资料，作为布设勘测定界控制网的依据。

由于护岗河疏浚、码头站排水沟工程用地勘测定界工作中权属、地类调查涉及多个镇、村，在项目实施前制订了详细的工作计划，编写了详细的技术设计书，有效地降低了工作难度，保证了土地勘测定界工作顺利进行，最终获得了客观准确的成果。

2. 协同开展外业踏勘

与国土资源管理局、乡（镇）、村等相关单位协商确定勘测定界的具体时间，到达现场后，联系施工单位及村组干部，了解用地房屋和村组情况，看是否和用地红线图一致。如果一致，则按照双方指定的界址进行测绘；如果不一致，则在双方统一意见后进行测绘。

3. 细致做好内业处理

（1）面积量算。量算内容包括项目用地的总面积；项目占用集体土地、国有土地的面积和占用农用地、建设用地、未利用地的面积；量算出征用面积和其中占耕地、基本农田的面积；划拨土地的数量、出让土地的数量；代征土地面积和其中占耕地、基本农田的面积；临时用地面积；规划道路面积；同时把占用他项权利的集体土地或国有土地的面积算出来，为土地登记提供数据。

（2）勘测定界图制作。勘测定界图的内容主要包括用地界址点和线、用地总面积；用地范围内各权属单位的界址线、基本农田界线；地上物、文字注记、数学要素等。在图纸上标注用地范围内每个权属单位的名称和面积，每个地块标注地块编号、土地利用类型和面积。

4. 确定实物指标

根据调查，明光段影响范围内征地共涉及泊岗乡、柳巷镇、潘村镇、涧溪镇、明西办事处等 7 个乡（镇）、办事处，其中永久征地 148 亩，临时用地 713 亩，青苗补偿 122 亩，拆迁房屋 140m²、附属建筑物 486m²、树木 3021 棵、迁坟 4 座以及其他安置 28m²。未涉及城镇、集镇实物量及征地，未涉及工矿企业征地拆迁，未涉及铁路、交通、供电、通信、水利工程、文物、军事设施等的拆迁。

（三）确定征迁安置原则和方案

1. 确定征迁补偿与安置原则

严格按照国家有关方针、政策、规范、规定等，坚持"对国家负责、对群众负责，实事求是"的原则，做到安置与资源开发、环境保护、社会经济发展紧密结合，将安置纳入到当地经济发展规划之中，并以此为契机，促进当地的经济发展。正确处理国家、集体、个人三者之间的关系。

2. 安置区的选择及安置方案

明光段征地拆迁涉及房屋较少，耕地征用比较分散，工程征地率各村多在 1% 以下，对农村经济和社会发展影响很小，生产安置均可在本村内调地。针对受到征地影响的农村居民，根据征迁户的选择，采取不同的安置补偿方式。

（1）征迁户自建房屋。明光市征迁办积极协助征迁户宅基地落实手续。宅基地在村民组内调剂的，安置资金中宅基地部分归村民组；宅基地在乡（镇）规划区购买的，由征迁户自行解决购买资金，对安置资金缺口较大的，由征迁办积极与征迁户所在乡（镇）协商，报监理批准后，予以适当资金补偿。

（2）明光市洪泽湖抬高蓄水位影响处理工程征地拆迁涉及房屋主要为临时搭建的鸭棚和看守菜地的临时房屋，没有居住房屋的拆迁，对这些临时房屋根据规定的标准进行补偿，整体拆迁工作进展顺利。

（四）严格资金管理使用

明光市工程征迁安置补偿费严格按照"专户存储，封闭运行"的要求，设立专用账户，单独核算，按规定使用。任何单位或个人不得挤占、挪用、截留征地拆迁安置经费。征地拆迁安置经费全部用于征地拆迁安置，年度包干结余转下年度继续使用。各乡（镇、街道办事处）实行实物量和补偿经费公示制度，张榜公布拆迁户补偿经费情况，接受群众监督。规范支付手续，补偿款直接打入农户"一卡通"账户。认真做好占地补偿登记花名册，身份证、"一卡通"复印件，土地占用补偿协议书，公示资料、图片等相关资料。

经过所有参加人员的努力，明光市南水北调工程征迁安置工作共完成永久征地 148 亩（均为旱地），临时用地 713 亩，青苗补偿 122 亩，拆迁房屋 140m²、附属建筑物 486m²、树木 3021 棵、迁坟 4 座以及其他安置 28m²。实施过程顺利，效果良好。

三、思考与启示

明光市境内南水北调工程征迁和移民安置工作历时 2 年多，在上级领导的关心支持、相关部门的协调帮助、群众的积极配合下，按时完成了各项任务。在具体工作中，征迁办工作人员打交道最多的是农民。每名征迁干部深知农民群众的事无小事，在最大程度上维护被征地群众的利益，杜绝吃拿卡要。经常不定期深入镇村，给农民宣讲征地拆迁和安置工作的相关政策法规和补偿政策。面对农民最关心的补偿标准问题，通过在村委会公开栏发布公告，详细地将各类补偿标准张榜公布。每一次的征地拆迁，严格执行公示制度，对于群众的举报、咨询电话认真的予以解答回复。凡是能当场解决的问题，决不拖到事后，当场解决不了的，24 小时内必须予以答复。细致的工作、赢得群众的信任，是做好征迁安置工作的基础。

五河县南水北调工程征地拆迁工作
（安徽省）

安徽省五河县水利局

张海龙　卢斌　徐建

一、背景与问题

南水北调东线一期洪泽湖抬高蓄水位影响处理工程五河县境内工程主要位于五河县城关、头铺、申集等 10 个乡（镇）境内。工程主要建设内容有：新建泵站 2 座，拆除重建及扩建泵站 7 座，加固维修及技术改造泵站 12 座，疏浚大沟 12 条，分别为部湖大沟、张家沟、许沟、马拉沟、董嘴大沟、四陈大沟、岳庙大沟、张姚大沟、郭嘴大沟、黑鱼沟、彭圩大沟及大路大沟，总长 60.54km，总土方量 199.37 万 m^3。工程共涉及永久征地 289 亩，临时用地 1773 亩，征地拆迁及移民安置批复总投资 1884.91 万元。

二、主要做法

1. 成立领导组织，明确分工责任

五河县委、县政府高度重视南水北调及其征迁安置工作，专门成立了五河县南水北调洪泽湖抬高蓄水位影响处理工程征地拆迁及移民安置工作领导小组，由分管农业的副县长担任组长，县水利局局长任副组长。领导小组下设办公室（简称县征迁办），成员单位由县水利局、发改委、公安局、监察局、民政局、财政局、国土资源局、建设局、交通局、林业局、审计局、信访局、五河县淮河河道局、五河县怀洪新河河道管理局及有关乡（镇）政府等单位和部门组成。办公室下设征迁科、财务科和档案管理科。县领导小组成员单位工作职责分工如下：

（1）领导小组办公室全面负责征地拆迁移民安置的组织实施工作。负责永久征地和临时征用土地的整体丈量及地面附属物的总清点及其补偿。公开拆迁内容、补偿对象、补偿标准，明确工作程序、进度要求和申诉渠道，维护群众的知情权、参与权、监督权。负责做好征迁安置区干部群众思想动员工作。负责制订和落实实施计划。按照年度工程进度的要求，参照项目法人年度征迁安置建设计划制订征迁安置年度实施计划，合理组织安排征迁安置工作，满足工程建设进度要求。负责征迁安置资金兑付和财务管理工作。征迁安置资金设专户管理，专款专用，坚持"公开、公平、公正"的原则，补偿标准和方案要张榜公布，由征地拆迁及移民安置工作领导小组办公室将补偿资金直接发放给补偿户，并按资金管理要求造册列报、及时兑现，不得截留、挤占和挪用征迁安置补偿资金。负责会同监理单位向项目法人及时编报征迁安置进展情况，编报基建财务、统计报表。负责征地拆迁安置工程竣工决算，档案管理，专项验收的相关工作。

（2）县公安局负责工程实施期间的突发事件的处理及实施过程中的治安保卫工作。

（3）县监察局负责对补偿资金发放使用的监督监察，确保资金安全。

（4）交通局、供电公司负责道路及输电线路改造工作。

（5）国土资源局负责工程建设用地征用手续、土地证办理等具体工作，及时提供建设用地。

（6）林业局负责树木砍伐办理相关手续。

（7）淮河河道局、怀洪新河河道管理局负责协调办理破堤等相关手续。

（8）民政局负责失地农民再就业培训、失地农民保险办理等相关手续。

（9）信访局负责征地拆迁及移民安置过程中信访案件的处理。

（10）审计局负责对征地拆迁及移民安置过程中补偿资金使用的跟踪审计。

（11）乡（镇）、村职责：抽调责任心强、工作协调能力强的同志专门从事此项工作，负责工程施工环境的协调工作，确保工程顺利施工。镇、村负责完成土地丈量和地面附属物的清点到户工作，以村或居委会为单位对征地拆迁及移民安置工作领导小组办公室丈量的土地和地面附属物的数量分别丈量到户，填写补偿花名册，提供身份证号码，逐户签字确认，加盖村、乡（镇）公章上报县征迁安置领导小组办公室。各村应在村公开栏或显著位置张榜公示补偿情况，公示时间不少于 7 天。协助县征地拆迁及移民安置工作领导小组办公室发放补偿款。公示无异议后，一次性发放永久性征地款、青苗补偿款以及临时征地、地面附属物补偿款。

2. 完善规章制度

为加强征地拆迁工作管理，依法规范征地拆迁行为，有效维护被征地拆迁当事人的合法权益，推动征地拆迁工作的全面落实，根据有关规定，五河县南水北调工程领导小组办公室建立了调查登记制度、公示制度、信访制度、监督检查制度、责任承诺制度、征地拆迁工作廉政规定、征地拆迁资金监督管理办法和责任追究制度等相关制度和办法等。

3. 宣传动员，统一思想

五河县征迁办充分发挥项目涉及的乡（镇）、村组两级干部的作用，通过召开会议、电视、广播、宣传栏、走访入户等方法，广泛宣传工程概况、工程建设的重要性、用地及地面附属物补偿标准，做到工作到位、宣传到位、解释到位，打消了群众的不理解和抵触情绪。具体工作人员通过多宣传、多解释，成熟一村测量放线一村，顺利、圆满地完成了征地拆迁及移民安置工作，为主体工程的顺利建设提供了保障。

4. 测量定界，登记造册

县征迁办以行政村为单位，在设计、监理、施工单位和工程所在地的镇、村干部的配合下，确定工程永久征地、取土区、弃土区和施工场地的位置及具体亩数和地面附属物，划定取土区和弃土区界线、临时用地界线、工程永久征地界线，由村两委负责把工程用地分解到户，把应拆迁房屋的面积丈量到户并上报花名册。县征迁办及时公布实物量调查结果及用地红线范围，禁止在用地红线范围内从事一切生产、生活活动。

村统计的花名册上报之后，县征迁办、监理及施工单位的技术人员再进行实地测量和复核，核对地亩数、地面附着物数量。

5. 公示核实，征求意见

复核无误后，县征迁办在村委会公开栏内公示补偿花名册，公示时间为 7 天。广泛征求群众的意见，以便修改。公示要有县、镇的举报监督电话，由县征迁安置领导小组办公室派员现场拍照存档。

6. 签订协议，兑现补偿

公示 7 天后，如无异议，由县征迁办与所在村及户签订征地拆迁及移民安置补偿协议。县征迁办将补偿款直接打入银行卡到户；如有异议，县征迁办、监理和镇、村干部再次到现场进行复核并公示，然后打卡到户。

三、思考与启示

（1）完善的征迁组织和管理机制是征安工作顺利实施的重要保障。五河县征迁办各成员单位各司其职，相互配合；各项规章制度的科学制定保障了各项工作有章可循、有法可依，保障了征迁工作又快又好地实施。各项管理体制、机制和规章制度的制定是保障项目有条不紊进行下去的关键要素。只有明确各自的职责方能统筹安排任务，只有科学规范的规章制度，才能保证组织有效运转，是达成组织目标的可靠保证，也是实现公平、公正、公开的必要条件。

（2）优化设计，节约占地。由于五河县南水北调影响处理工程前期工作时间紧、当地城乡建设发展迅速等原因，征迁范围和工程线路都要进行进一步优化调整。在征迁安置实施过程中，在工程设计排涝范围不变、设计排涝标准不降、设计规模不减的前提下，进一步细化排水沟上排水区，增加排水沟上的节点，尽可能缩短排水沟大断面长度从而节省占地，节约土方。如董嘴沟全长3.04km，设计底宽7m，设计流量7.77m³/s，经现场实际勘察并计算，决定对董嘴沟沟口断面实施分段优化，即下游起始点桩号0＋000～1＋000设计沟底宽为7.8～7.4m，桩号1＋000～1＋300沟底宽为7.4～5.6m，桩号1＋300～1＋940沟底宽为5.6～4.4m，1＋940～2＋614沟底宽为4.4～4.1m，桩号2＋614～3＋040沟底宽为4.1～3.6m。大沟初步设计批复永久占地为258亩，优化后节约永久占地17.9亩、临时占地26.33亩、减少土方5.1万m³。工程优化设计后不需新增投资，且各项指标均控制在初步设计和批复的范围之内，且达到了项目建设效果。

合理的方案优化是保障项目最终顺利完成不可或缺的重要组成部分。南水北调工程从立项到实施经过好几年的时间，到具体实施时，地形地貌和实物量都有一定的变化，当地经济社会和城乡建设也发生了重大变化。因此，根据实际情况对征地拆迁方案进行优化，可以使征迁工作更贴合实际、更具可操作性、更受群众欢迎。

建立健全南水北调工程征迁管理体制和规章制度（天津市）

天津市南水北调工程征地拆迁管理中心

丁文成　孙轶　杨继超

一、背景与问题

为保障天津市南水北调工程征地拆迁工作顺利开展，天津市大力加强南水北调工程征迁管理体制和机制建设。工程前期，先后组建了天津市南水北调工程建设委员会（下设办公室）、南水北调工程征地拆迁管理中心、区（县）南水北调工程征地拆迁工作机构，为天津市南水北调工程征地拆迁工作的顺利开展提供了体制保障。

为规范天津市南水北调配套工程征地拆迁工作，明确各部门的职责，细化工作分工，确保征地拆迁工作依法依规、和谐有序开展，天津市人民政府、市南水北调办公室、区（县）征地拆迁机构分别结合各自实际工作，制定了南水北调工程征地拆迁相关管理制度，为天津市南水北调工程征地拆迁工作的顺利开展提供了制度保障。

二、主要做法

1. 组建各级征地拆迁管理机构

依据国务院南水北调办公室印发的《南水北调工程建设征地补偿和移民安置暂行办法》（国调委发〔2005〕1号）关于"南水北调工程建设征地补偿和移民安置工作，实行国务院南水北调工程建设委员会领导、省级人民政府负责、县为基础、项目法人参与的管理体制"和"有关地方各级人民政府应确定相应的主管部门，承担本行政区域内南水北调工程建设征地补偿和移民安置工作"的规定，天津市人民政府明确了南水北调工程征地拆迁工作，实行市人民政府领导，工程所在地区（县）人民政府组织实施，项目法人参与的管理体制。

（1）明确市级南水北调办公室为市南水北调工程征地拆迁主管部门。按照国务院南水北调工程建设委员会第一次全体会议的要求，经中共天津市委批准，于 2003 年 12 月 18 日，天津市人民政府成立了天津市南水北调工程建设委员会（简称市南水北调建委会）。市南水北调建委会的主要任务是，贯彻落实国家制定的南水北调工程建设的方针、政策、措施，决定市南水北调市内配套工程建设的重大问题。

市南水北调建委会下设天津市南水北调工程建设委员会办公室（简称市南水北调办公室），市南水北调办公室作为市南水北调建委会日常办事机构，主要负责市南水北调建委会决定事项的落实和督促检查，监督工程建设项目投资执行情况，协调、落实和监督市南水北调工程建设资金的筹措、管理和使用，对市南水北调工程建设质量监督管理、协调市南水北调工程项目区环境保护和生态建设等工作，承担天津市南水北调工程征地拆迁主管部门职责，负责天津市南水北调工程征地拆迁的监督管理和协调工作。

根据工作需要，市南水北调办公室内设环境移民处，具体负责市南水北调工程征地补偿和移民安置方面的有关政策、规章制度拟定并监督实施；协调解决工程征地补偿和移民安置工作中的重大问题；审查工程征地补偿和移民安置设计变更与预备费的使用；组织市南水北调工程征地补偿和移民安置工作验收等。

（2）成立市南水北调工程征地拆迁管理中心。2006 年 6 月 5 日，市南水北调办公室根据天津干线天津市 1、2 段工程征地拆迁工作实际，结合配套工程的征地拆迁工作情况，向天津市人民政府申请成立"天津市南水北调工程征地拆迁管理中心"。2007 年 7 月 23 日，经天津市机构编制委员会批准成立天津市南水北调征地拆迁管理中心（简称市征迁中心）。市征迁中心在市南水北调办公室的领导下开展工作，其主要职责是：负责组织天津干线天津市 1、2 段工程和天津市南水北调配套工程的征地拆迁管理工作，办理有关用地报批手续，负责征地拆迁和专项设施迁建资金的管理等有关工作。

（3）组建区（县）南水北调工程征地拆迁管理机构。市南水北调建委会印发的《天津市南水北调配套工程征地拆迁管理办法》（津调委发〔2007〕1 号）文中第七条规定："区（县）政府是本行政区域内征地拆迁工作的责任主体，负责组织实施本行政区域内征地拆迁工作，预防和处置群体性突发事件。区（县）人民政府应确定本区（县）的南水北调工程征地拆迁工作机构，具体负责本行政区域内征地拆迁实施工作。"依据上述规定，为保证天津干线天津市 1、2 段工程征地拆迁工作顺利进行，在市南水北调办公室推动和协调下，工程沿线武清、北辰和西青区人民政府相继组建了区级南水北调工程征地拆迁管理机构。

2005年3月7日武清区人民政府成立了南水北调工程征地拆迁工作领导小组，武清区区长兼任领导小组组长，副区长兼任副组长，成员单位由区水务局、国土分局、规划局、农林局和王庆坨镇人民政府等15个部门组成。领导小组下设办公室，办公室设在区水务局。

2006年11月23日北辰区成立了南水北调工程征地拆迁指挥部，北辰区区长任总指挥，常务副区长任副总指挥，区水务局、国土分局、规划局、农林局和双口、青光镇及市农垦集团红光农场等有关单位主要领导为成员，成员单位共24个，按照分工，各负其责。指挥部下设办公室，办公室设在区水务局。

2007年3月21日，西青区成立了南水北调工程征地拆迁工作领导小组，西青区副区长兼任领导小组组长，区水务局局长、区人民政府办公室副主任兼任副组长，成员单位20个。西青区南水北调工程征地拆迁工作领导小组办公室设在区水务局。

武清、北辰、西青三区南水北调工程征地拆迁办公室负责本辖区南水北调工程征地拆迁的组织实施和日常管理工作。

2. 制定南水北调征地拆迁管理制度

为规范天津市南水北调工程征地拆迁工作，明确各部门的职责，细化工作分工，保证征地拆迁工作顺利实施，天津市人民政府印发了《天津市南水北调配套工程征地拆迁管理办法》《天津市南水北调工程建设委员会成员单位职责》；随着征地拆迁工作的深入开展，市南水北调办公室相继印发了《天津市南水北调工程征地拆迁变更程序》等一系列规章制度；有关区结合本辖区实际也制定了相应的实施细则。这些规章制度和实施细则为天津市南水北调工程征地拆迁工作的顺利开展奠定了基础。

（1）《天津市南水北调配套工程征地拆迁管理办法》。2007年11月29日，市南水北调办公室印发了《天津市南水北调配套工程征地拆迁管理办法》（简称《管理办法》）。

《管理办法》中明确市南水北调办公室是市南水北调工程征地拆迁工作的主管部门，负责征地拆迁监督管理和协调推动工作。市征迁中心在市南水北调办公室领导下，负责征地拆迁的组织协调和资金管理等工作。按照批准的初步设计及概算与区征迁办公室签订征地拆迁投资包干协议，与专项设施主管单位签订征地拆迁投资包干协议，与市文物主管部门签订文物保护投资包干协议。

《管理办法》中还明确各区人民政府是本行政区域内征地拆迁工作的责任主体，负责组织实施本行政区域内征地拆迁工作，预防和处置群体性突发事件。区人民政府确定的本区的南水北调工程征地拆迁工作机构，具体负责本行政区域内征地拆迁实施工作。

（2）《天津市南水北调工程建设委员会成员单位职责》。2008 年 12 月 29 日，市南水北调建委会第一次全体会议召开，审议通过了《天津市南水北调工程建设委员会成员单位职责》。市南水北调建委会各成员单位应按照各自职责完成工程征地拆迁的相应工作，协调解决征地拆迁工作中的问题。

（3）《天津市南水北调工程建设征地拆迁变更程序》。为及时解决天津干线天津市 1、2 段工程征地拆迁实施过程中遇到的设计漏项或设计方案变更等问题，2009 年 1 月 12 日，依据《天津市南水北调配套工程征地拆迁管理办法》等有关规定，市南水北调办公室印发了《天津市南水北调工程建设征地拆迁变更程序》（简称《变更程序》）。

《变更程序》中规定，因设计漏项引发的设计变更，各区征迁办公室或涉及的专项切改设施主管部门，在征地拆迁实施过程中，应对发生变化的实物指标或专项切改设施进行详细登记，并由设计、监理单位确认后，向市征迁中心提出设计变更申请；因设计变化引发的设计变更，区征迁办公室、项目法人（建管单位）或专项设施主管部门，会同设计单位编制设计变更文件，经监理单位确认后，向市征迁中心提出设计变更申请。

3. 确保运行机制顺畅

（1）充分发挥各级政府在征地拆迁工作中的责任主体作用。依据国务院南水北调办公室《南水北调工程建设征地补偿和移民安置暂行办法》的规定，为充分发挥省（直辖市）级人民政府在南水北调工程征地拆迁工作中的责任主体作用和基层人民政府的基础性作用，2005 年 4 月 5 日，国务院南水北调办公室与天津市人民政府签订了《南水北调主体工程建设征地补偿和移民安置责任书》。在市南水北调办公室的协调下，2008 年 10 月，天津市人民政府分别与武清区、北辰区和西青区人民政府签订了《天津市南水北调工程征地拆迁工作责任书》，在责任书中明确了市、区两级人民政府在天津干线天津市 1、2 段工程征地拆迁工作中的职责。

（2）充分调动各级征迁机构的组织协调和推动作用。为使天津干线天津市 1、2 段工程征地拆迁工作尽快开展起来，充分发挥市南水北调办公室、市征迁中心和各区征迁办公室的组织协调和推动作用，2008 年 10 月，市南水北调办公室所属市征迁中心分别与武清区、北辰区、西青区征迁办公室签订了《天津市南水北调工程征地拆迁投资包干协议书》，在协议书中明确了双方的责任、征地拆迁任务完成时间和资金管理等事项。

　　为贯彻落实国土资源部和国务院南水北调办公室联合印发的《关于南水北调工程建设用地有关问题通知》（国土资发〔2005〕110号）精神，做好天津干线天津市1、2段工程征地拆迁工作，依法、及时用地，确保工程建设顺利进行，2007年12月18日，市南水北调办公室和市国土房管局联合印发《关于成立天津市南水北调工程征地拆迁协调小组的通知》（津国土房资〔2007〕1134号），成立天津市南水北调工程征地拆迁协调小组（简称协调小组），协调小组下设办公室。协调小组办公室根据工作需要，不定期召开会议，协调解决天津干线天津市1、2段工程征地拆迁工作中遇到的问题，及时办理工程建设用地审批手续。

　　（3）充分发挥建委会各成员单位的职能作用。在天津干线天津市1、2段工程征地拆迁工作中，充分发挥市南水北调建委会各成员单位的职能作用，保证了征地拆迁工作的顺利进行。市发改委及时组织开展前期审批工作，科学核定征地拆迁补偿投资概算；市财政局负责落实征地拆迁补偿投资缺口，千方百计筹措资金；市国土房管局协助办理建设用地审批手续；市林业局配合开展征占林地和林木砍伐的审批手续。为了强化征地拆迁过程中的安全保卫和矛盾纠纷排查化解工作，创造更加和谐的工程建设环境，根据国务院南水北调办公室和公安部《关于做好南水北调安全保卫和建设环境工作的通知》（国调办环移〔2007〕119号）要求，2007年11月13日，经市人民政府同意，成立了天津市南水北调工程安全保卫和维护建设环境工作联席会议制度（简称联席会议），组建了由市南水北调办公室、市公安局、国土房管局、水务局、信访办、武清区、北辰区、西青区人民政府和天津市水务建设管理中心（简称市水务建管中心）等有关部门分管领导和负责同志组成的天津市南水北调工程安全保卫和维护建设环境联席会议工作小组（简称联席会议工作小组）。

　　联席会议工作小组各成员单位根据各自的职能，相应的制定了工程征地拆迁和维护建设环境应急预案，建立了联络通信机制，实行不定期召开联席会议，排查化解各类矛盾纠纷，做到防控结合，有效地维护了天津干线天津市1、2段工程征地拆迁工作和建设环境。自2008年建立联席会议以来，坚持不定期排查化解征地拆迁和工程建设过程中的各类矛盾纠纷，避免引发群体性事件。联席会议成员单位按照各自制定的处置征地拆迁群体性事件应急预案开展工作。几年中，由于各成员单位人事变动，联席会议工作小组人员相应的进行了调整，不断更新通信联络系统，加强业务与工作上的联系，做到了维稳工作不脱节。根据天津干线天津市1、2段工程及其配套工程的进展情况，联席会议工作小组每年最少组织召开两次以上工作会议，研究和解决南水北调工程征地拆迁、建设进展和维护工程建设环境方面的问题。

（4）充分发挥项目法人和各参建单位的参与配合作用。在天津干线天津市1、2段工程征地拆迁工作中，项目法人南水北调中线工程管理局积极参与到征地拆迁工作中，配合市南水北调办公室积极协调解决在天津干线天津市1、2段工程征地拆迁工作中存在的问题，协调和解决了专项设施迁建或切改方面的变更问题；市水务建管中心负责天津干线天津市1段工程的建设管理任务，在工程征地拆迁实施过程中，全力配合市征迁中心和各区征迁办公室开展征地拆迁工作，及时办理临时用地交接手续，按照临时用地复垦的有关规定，积极组织施工单位开展临时用地的复垦前期工作，使天津干线天津市1段工程在规定时间内完成临时用地退还移交工作；中线局天津干线直管项目部也积极配合市征迁中心和西青区征迁办公室开展天津市2段工程征地拆迁工作。由于项目法人、建管单位和各参建单位的积极参与和密切配合，使得天津干线天津市1、2段工程征地拆迁工作得以顺利实施。

三、思考与启示

市南水北调建委会、市南水北调办公室、市征迁中心和各区征迁办公室等组织机构的相继成立，为天津干线天津市1、2段工程征地拆迁工作提供了组织保障；《天津市南水北调配套工程征地拆迁管理办法》《天津市南水北调工程建设委员会成员单位职责》等多项相关规章制度先后出台，理顺了征地拆迁管理体制，为征地拆迁工作的顺利开展提供制度保障；南水北调工程征地拆迁工作责任书、包干协议签订，明确了责任，保障了南水北调工程征迁工作顺利开展。可见，南水北调工程征地拆迁工作顺利开展，离不开健全的组织机构、完善的管理制度、顺畅的运行机制。

天津干线工程征迁实施管理工作实践与体会（天津市）

天津市南水北调工程征地拆迁管理中心

丁文成　孙轶

天津市南水北调工程建设委员会办公室

肖艳

一、基本情况

南水北调中线一期工程天津干线天津段工程线路长度为 24km，工程征地拆迁涉及武清、北辰、西青 3 个行政区 5 个镇 25 个行政村和天津农垦红光有限公司。

为做好天津干线天津段工程征迁工作，从加强征迁实施与管理方面着手，通过前期开展实物指标复核工作，层层签订征迁包干协议，严格履行补偿兑付程序，并加强了征迁设计变更管理等做法，保障了征迁各项工作的顺利开展。

二、主要做法

1. 及时组织开展实物指标复核工作

在工程初期，天津市南水北调办公室安排部署了天津干线天津段工程征迁实物指标复核工作。市水利设计院组织工程沿线各区征迁办公室会同相关部门和村、镇工作人员，于 2005 年 6—7 月，对天津干线天津段工程占地实物指标进行了调查，调查成果得到了沿线三区人民政府的确认。

2007 年 11 月中下旬，在市南水北调办公室和市征迁中心的统一组织协调下，由天津市广哲科技开发服务有限公司负责现场放线，市水利设计院指导三区征迁办公室精心组织核查工作，武清区、北辰区和西青区征迁办公室会同区水务局、区国土分局、区林业局和工程沿线涉及的乡（镇）人民政府、村集体以及企事业等单位负责同志及相关工作人员对天津干线天津段工程占地实物指标进行了复核，核查成果再次得到了各区人民政府的认可。

2. 按要求进行公告公示

为准确掌握占地范围内实物指标，防止各种抢栽、抢种、抢建行为，有效控制工程投资，积极营造良好的工程建设环境，根据国务院南水北调办公室、国家发展和改革委员会、水利部《关于严格控制南水北调中、东线第一期工程输水干线征地范围内基本建设和人口增长的通知》（国调办环移〔2003〕7号）精神，2005年12月30日，天津市人民政府发布了《关于严格控制南水北调天津干线征地范围内基本建设和人口增长的通告》（津政发〔2005〕116号，简称《停建令》）。通告规定：自通告发布之日起，工程征地范围内新增迁入人口、新增建设项目、新建房屋设施和农业生产设施、新栽树木等一律不予承认。

《停建令》发布后，天津市1、2段工程沿线武清区、北辰区、西青区人民政府认真落实，结合本区实际情况，相继制定了相关的办法、公告、通知，并利用电视、报刊等新闻媒体对南水北调工程征迁安置政策进行广泛宣传，有效控制区域人口增长、基础建设和抢栽抢种现象的发生。保障了实物指标调查、确认等工作的有效开展，为编制征地补偿和移民安置规划报告奠定了基础。

3. 积极推动实施方案编制与批复工作

2007年11月，市南水北调办公室安排启动天津干线天津段工程征迁安置实施方案编报；2008年2月工程沿线各区完成了征迁安置实施方案的编报工作；2008年7月，市征迁中心组织专家对各区征迁安置实施方案报告进行了审查，市水利设计院根据专家审查意见对实施方案进行了修改和完善。

2008年10月，市南水北调办公室组织市发改委、市财政局、市国土房管局、市林业局，并特邀征迁安置专家对工程沿线三区人民政府组织编报的征迁安置实施方案进行了审查，对补偿资金提出了审核意见，根据审查意见作了修改完善后上报天津市人民政府审批。按照天津市人民政府《关于南水北调中线一期天津干线（天津境内工程）建设征地拆迁安置实施方案的批复》（津政函〔2008〕147号），批复天津干线天津市1、2段工程征迁安置补偿总投资为6.59亿元，其中4.84亿元由西青区、北辰区和武清区人民政府包干使用，不足部分由各区人民政府自行解决；中央及市属专项设施切改投资、勘测设计费、监理监测费、管理用房征地补偿费、其他费用、基本预备费和有关税费1.75亿元由市南水北调办公室按照相关规定统一管理和使用。

4. 层层签订征迁投资包干协议

2008年7月，依据国家发展改革委批准的《国家发展改革委关于核定南水北调中线一期工程天津干线天津市1、2段工程初步设计概算的通知》（发改投资〔2008〕1228 号），中线局与市南水北调办公室签订了《南水北调中线一期工程天津干线天津市 1、2 段工程土地征用、移民安置任务及投资包干协议书》，明确了市南水北调办公室和中线局在天津干线天津市 1、2 段工程征迁安置工作中各自的具体责任和工作内容，确定了征地补偿投资包干任务和资金。

2008 年 10 月，根据市天津市人民政府批准的《关于南水北调中线一期天津干线（天津境内工程）建设征地拆迁安置实施方案的批复》（津政函〔2008〕147 号），为加大各区征迁安置工作力度，市南水北调办公室与武清区、北辰区和西青区人民政府签订了征地拆迁投资包干协议，协议明确了征迁安置任务、资金和时间要求，为征迁工作开展奠定基础。

5. 严格履行补偿兑付程序

市征迁中心和区（县）征迁机构在国有或国有控股商业银行开设专用账户，对征迁安置资金实行专户存储、专款专用、专账核算，任何单位和个人不得挤占、截留和挪用。

根据市南水北调办公室与武清、北辰、西青三区签订的《南水北调天津干线工程征地拆迁投资包干协议书》，市征迁中心将征迁安置补偿资金拨付到武清、西青、北辰三区征迁办公室，由区征迁办公室逐级兑付到镇、村。其中专项设施、工业企业迁建补偿资金除镇属企业下达到镇之外，市直属企业或中央企业由市征迁中心下达到其主管部门或本企业单位。

多次接受国家审计署、国务院南水北调办公室组织的征迁安置专项审计，对照审计结果及整改意见进行了及时整改，保证了天津干线天津段工程征迁安置补偿资金的安全和规范使用。

6. 大力推动专项设施迁建工作

天津干线天津段工程沿线专项设施涉及中央驻津单位和市属大型企业等多家主管单位，市南水北调办公室专门组织了协调研究，加强推进。在初步设计阶段，由市征迁中心组织，会同设计单位，征迁监理单位共同召开会议，召集各专项主管单位参加，由设计单位对工程整体情况进行细致的介绍，包括路由、路径、占地宽度、工程形式等，对专项主管单位提出的问题进行解答，并确定现场调查时间。会后由设计单位统一带领各专项主管单位进行现场查看，熟悉线路位置，各专项主管单位根据现场实际情况及征迁图纸，确定专项设施的规模、数量，并上报专项切改方案及概算，设计单位将其纳入工程初步设计报告中。

初步设计获得批复后，市征迁中心对专项部分概算进行分解、细化，并与各专项切改单位进行协商，按照初步设计批复的专项设施数量及资金签订了该工程专项切改投资包干协议书，并及时拨付了切改资金。

在实施专项设施迁建工作过程中，市征迁中心以专项设施迁建投资包干协议书为依据进行监督、管理，从前期调查到竣工验收严格按照中线局和市南水北调办公室的相关规定开展工作，如切改主管单位采取委托形式的，在签订协议前，必须要向市征迁中心提交委托书或委托证明。专项切改工程实施过程中及时督促征迁监理单位做好现场记录，并对切改进度及质量进行全过程管理，发现有漏项的，市征迁中心严格按照南水北调变更程序进行操作，及时组织监理单位、设计单位及切改单位到现场进行实物量确认，监理单位出具监理报告单，设计单位针对切改单位上报的概算出具设计意见，并汇总后成册上报项目法人审批，批复后签订专项切改补充协议书。切改工程竣工后，市征迁中心及时组织竣工验收。在整个施工过程中，市征迁中心掌握切改情况，遇到问题及时解决，能够从始至终对切改的进度、质量、资金进行有效的控制。由于各切改单位紧密与各施工单位结合，未发现由于专项设施切改原因导致影响南水北调工程进度的情况，切改效果良好，保证了天津干线天津段工程建设的顺利进行。

7. 及时办理工程建设用地手续

市征迁中心受项目法人委托办理天津干线天津段工程永久征地手续，经天津市勘察院予以永久征地勘界、市规划局同意规划选址和各区国土部门开展组卷等各种行政许可程序。2008 年，市征迁中心向国土部门报送天津干线天津段工程永久征地申请，足额缴纳征地所需的费用，获得国土资源部批准，至2015 年 9 月，天津干线天津市工程建设用地手续已全部办完，完成土地产权证的核发工作。

区征迁办公室完成征迁工作后，向建管单位移交临时用地，施工建设结束后，施工单位按照复垦设计标准，将临时用地恢复原状。市征迁中心组织建管单位分期分批向各区征迁办公室及乡（镇）人民政府归还临时用地，并通过了区国土分局组织的联合验收，至 2012 年 10 月，天津干线天津段工程临时用地归还及土地复垦工作全部完成。

8. 严格履行征迁设计变更程序

为规范天津干线天津段工程征迁安置工作，及时解决征迁安置实施过程中遇到的设计漏项或设计方案变更等问题，2009 年 1 月，市南水北调办公室印发了《天津市南水北调工程建设征地拆迁变更程序》（津调水移〔2009〕1 号）。

变更程序规定：因设计漏项引发的设计变更，各区征迁办公室或专项设施主管部门，在征迁安置实施过程中，应对发生变化的实物指标或专项设施进行详细登记，并由设计、监理单位确认后，向市征迁中心提出设计变更申请；因设计变化引发的设计变更，各区征迁办公室、项目法人（建管单位）或专项设施主管部门，会同设计单位编制设计变更文件，经监理单位确认后，向市征迁中心提出设计变更申请。

市征迁中心在接到各区征迁办公室、项目法人（建管单位）或专项设施主管部门提出的征迁安置变更申请后，要组织征迁监理单位会同设计单位对变更实物量进行复核，提出初步审查意见，报市南水北调办公室审批。根据市南水北调办公室批复意见，按程序及时将变更资金拨付给相关单位。

9. 规范征迁档案管理工作

为加强天津干线天津段工程征地移民档案管理工作，根据国务院南水北调办公室、国家档案局联合印发的《南水北调工程征地移民档案管理办法》以及市南水北调办公室下发的《关于转发南水北调工程征地移民档案管理办法的通知》的精神，市南水北调办公室在市征迁中心专门设置了档案室和档案柜，配备了专、兼职档案管理人员。武清、西青、北辰三区也相应在区征迁办公室中指派了专人负责征地移民档案管理工作。

征地移民档案管理工作，实行统一领导，市、区分级管理负责的原则。形成层层有专门机构、有专人负责的征地移民档案管理体系。从事征迁安置工作的各单位或部门，按照"谁产生，谁整理"的原则，将征迁安置工作中形成的文件进行收集、整理，并及时做好移交工作。

10. 狠抓征迁监督评估工作

天津干线天津段工程征迁安置监理监测和评估工作由中线局会同市南水北调办公室联合招标。天津市金帆工程建设监理有限公司中标，承担对天津干线天津段工程征迁安置工作监测评估工作。征迁安置监测与评估，是根据项目的征迁安置行动计划，对征迁安置实施进行调查、监测和评估的工作。它是通过现场调查访问等方法，对征迁安置实施进行数据和信息的收集，在此基础上对项目征迁安置实施工作进行客观评估，结合征迁安置行动计划以及实际实施情况、甄别行动计划本身及实施偏差两方面已经出现或潜在的问题，并就此提出意见，反馈给市南水北调办公室和市征迁中心及各区征迁办公室，从而推动征迁安置实施工作的不断改进与完善，最终做好征迁安置，实现项目的总体目标。监理单位独立的进行监测评估的工作，一方面使市南水北调办公室及时、详细的了解征迁安置的实际进展、存在的问题以及工作改进的方法和措施；另一方面在于帮助市南水北调办公室了解征迁安置实施的社会、经济和文化效果。

三、实施效果

经各级征迁工作机构的精心组织，通过大力加强征迁实施与管理工作，天津干线天津段工程征迁实物指标复核、包干协议签订，补偿兑付程序履行、专项实施切改、征迁档案资料归档整理等各项工作顺利。为建设管理单位及时提供建设用地，保证了工程建设进度；在征迁实施工作中没有出现较大的矛盾纠纷，没有发生群体性事件，没有出现集体上访或进京上访事件，为南水北调工程建设营造了良好的建设环境。

四、思考与启示

尽管天津干线天津段工程征迁工作面临时间紧、任务重、工作量大、需要协调解决的问题非常多等严峻的形势，但是天津市各级南水北调征迁机构面对困难没有退缩，而是通过加强实施与管理工作，认真梳理工作中难题，狠抓基础工作，狠抓工作落实，层层分解工作任务，逐一明确工作责任，将工作难题化繁为简，逐项推进解决，为天津干线天津段工程征迁工作的顺利开展奠定了基础。可见，加强征迁工作实施与管理是征迁工作顺利开展的保障。

西青区南水北调干线征迁实施
工作体会（天津市）

天津市西青区水务局

刘磊　高广忠　张福彬

一、背景与问题

2008 年年底，按照天津市南水北调办公室和西青区委、区政府的决策部署，西青区南水北调东、中线一期工程征地边线确认征迁工作开始，始终把"水利惠民、心系群众、公平公正、清正廉洁"作为征迁工作的重要原则，坚持把党的路线、方针、政策及市委、区委的决策部署毫无保留交给群众，并贯穿于南水北调征迁工作全过程，坚持以精心的谋划、严谨的作风、周到的服务为着力点，确保了西青区境内南水北调工程建设有序有效。

二、主要做法

征地拆迁涉及地方和群众的切身利益，为保证工程建设的顺利实施，保证群众利益不受损失，坚持以人为本，协调解决征迁问题，确保征迁工作顺利进行。

（1）履职担当抓实征迁机构建设。西青区水务局党委为了国家的使命、区域经济的发展，人民群众的需要，毅然决然承接了市委、区委的重托，建立了区、镇、村三级征迁管理工作机构，实行层次化管理，逐级签订征迁工作目标责任书，坚持把责任扛在肩头，坚持精细筹划、精心部署、精心组织，组建了征迁协调、政策宣传、现场推动、信访接待等 10 个专职工作组。征迁协调坚持以人为本原则，把做好征地拆迁工作作为一项重要的政治任务，认真贯穿落实科学发展观，识大体、顾大局，克服一切困难，始终将保障国家重点工程南水北调项目建设作为最终目标不动摇，实现对工程的全方位服务。

（2）强化责任抓实征迁方案制定。南水北调天津干线工程征迁补偿涉及群众切身利益，征迁补偿补助标准成为群众的关注重点，根据国家政策和市征地拆迁工作相关规定，按照征迁实物量进行确认，并依据征迁实物量研究制定出台了《西青区拆迁安置实施方案》，保证了征迁补偿标准统一规范。同时，征迁小组按照"分步工作法"，像剥洋葱一样解决问题：第一步，先做村干部的思想工作；第二步，做村干部亲属及朋友的思想工作；第三步，对曾担任过村干部的家庭做工作；第四步，找村里有威望的老人。征迁小组工作人员通过不断建立完善各项工作措施，明确各个部门的工作职责，搞好宣传发动，营造舆论氛围，深入征迁一线，进村入户，宣传政策，答疑解难，白天坚持在工地，晚上加班到深夜，牺牲节假日，全力以赴投入工作，南水北调征迁安置工作顺利完成。

（3）强化监管抓实包干协议签订。全区征迁补偿费资金数额大，加强征迁资金监管显得尤为重要，西青区同南水北调征迁办公室签订了《征迁包干协议书》，并与杨柳青、中北两镇签订了《征迁投资包干协议书》和《征迁工作责任书》，同时，加强对街、镇兑付征迁补偿资金的监管，建立专门台账存档备查，落实了征迁补偿资金监管。我们把政策宣讲贯穿征迁工作全过程，在进村入户中讲政策，让群众明白；在解难题中耐心解答政策，让群众放心；在勘察实物中听取意见，让群众顺心；在资金补偿中坚持了公平公正，让群众认可。按照政策规定，实行专户储存、专账管理、转款专用，依照资金管理规定和支付程序、批准范围办理款项进行拨付，有效杜绝了截留、挤占、挪用等违纪违规事件的发生。

（4）统一思想抓实征迁业务培训。水务局党委定期组织开展专题政策法规培训，统一思想、掌握政策，有利推进了整体工作的开展。征迁工作小组，坚持每周一次进度汇报会、每月一次工作分析会、每季度一次联席会和情况通报会，确保了征迁工作进度和质量。同时，建立了沟通协调、信访接待处理机制，使群众的反映有人听，工作动态及时掌握，有效应对征迁难点，妥善处置和解决群众提出的难点问题，真正实现了小问题不出村，矛盾纠纷不出镇、不出区，成为推动南水北调天津干线工程建设的助力器。

三、思考与启示

南水北调干线征迁工作作为首开项目，水务局各有关部门均创造性地开展工作，积累了一些经验，为南水北调后续工作起到了很好的示范作用。

（1）坚持实事求是，合理确定补偿标准。我们体会到，合理的补偿是做好被占地农民安置的前提，也是顺利开展征迁安置工作的保障。因此，前期调研必须坚持实事求是，合理确定补偿标准，征迁补偿依法合规，既不能坑农、伤农，又不能违背原则。就更加需要我们在国家批复的总体框架下，依据国家政策结合当地征迁工作实际，据实调整，合理确定。

（2）坚持以人为本，合理规划工程占地位置。南水北调工程西青段占地征迁呈带状占地，涉及的面比较宽，对其两侧群众生产生活影响具有长久性的特点。为此，我们在工程布设上更应考虑工程作用、位置及周边环境的对等关系，对一些辅助性永久占地，要尽量优化，以减少对当地群众的生产生活造成不必要的影响。

（3）节约土地，减少对耕地的占用和破坏。南水北调工程临时用地数量巨大，而临时用地的性质决定了其使用后必须退还，对此必须坚持节约集约使用土地的基本国策，尽量选择使用未利用地、荒地、荒坡、荒沟，最大限度减少占用耕地数量。

（4）坚持阳光操作，做到公开、公平、公正。暗箱操作是滋生腐败，产生不公，引发社会不稳定的温床，特别是征迁安置涉及面广，更应坚持阳光操作，做到公开、公平、公正，避免违规现象发生。

（5）发挥部门优势，做好专项恢复工作。南水北调工程设计专业项目恢复数量巨大，具有各自的法律、规定和要求，单纯依靠南水北调系统迁建，难度较大，因此要发挥专业部门优势，共同做好专项恢复工作。